Arne Molfenter · Rüdiger Strempel
Einmischung unerwünscht

Arne Molfenter
Rüdiger Strempel

Einmischung unerwünscht

Spitzenforscherinnen in einer männerdominierten Welt

Mit einem Vorwort von Antje Boetius

Osburg Verlag

Erste Auflage 2023
© Osburg Verlag Hamburg 2023
www.osburgverlag.de
Alle Rechte vorbehalten,
insbesondere das der Übersetzung, des öffentlichen Vortrags
sowie der Übertragung durch Rundfunk und Fernsehen,
auch einzelner Teile.
Kein Teil des Werkes darf in irgendeiner Form
(durch Fotografie, Mikrofilm oder andere Verfahren)
ohne schriftliche Genehmigung des Verlages reproduziert
oder unter Verwendung elektronischer Systeme
verarbeitet, vervielfältigt oder verbreitet werden.
Lektorat: Bernd Henninger, Heidelberg
Korrektorat: Alexander Blumtritt, Fischbachau
Umschlaggestaltung: Judith Hilgenstöhler, Hamburg
Satz: Hans-Jürgen Paasch, Oeste
Druck und Bindung: CPI books GmbH, Leck
Printed in Germany
ISBN 978-3-95510-329-3

Inhaltsverzeichnis

Frauen entdecken
Vorwort von Antje Boetius

Wer dieses Buch liest, begibt sich auf eine Reise in das Leben ganz besonderer Menschen, die gegen alle Widerstände der Gesellschaft und oft auch ihrer direkten Umgebung das taten, was ihnen am wichtigsten erschien: die Grenzen des Wissens verschieben. Auf den ersten Blick vereint sie nur eins: Sie waren Frauen, die uns ein großes Werk hinterließen, auch wenn sie selbst zu ihren Lebzeiten wenig Unterstützung fanden. Frauen, die nicht unsichtbar blieben, sondern auffielen, weil sie eine besondere Gabe für das Forschen, Entdecken und Erfinden hatten. Die aber Außenseiterinnen waren, Minderheiten in einem männlichen Wissenschaftsbetrieb. Sicherlich hatten diese Frauen alle viel Kraft und Durchhaltevermögen, aber vor allem eben Freude an den Leistungen ihres Gehirns, und klare Ziele vor Augen, was es zu entdecken galt.

Frauen konnten in Deutschland erst ab 1900 regulär studieren, erst 1977 wurde das Recht abgeschafft, dass der Ehemann bestimmen durfte, ob die Erwerbstätigkeit der Frau mit den ehelichen und familiären Pflichten vereinbar sei. Bis heute haben Frauen beim Forschen keine volle Chancengleichheit erreicht, nicht mal dort, wo Männer und Frauen gleichermaßen zur Schule gehen, Abitur machen und sogar promovieren wie in Deutschland. Das zeigen die ungleichen Verhältnisse in der Professorenschaft, aber auch bei großen Preisen, Hochschulleitungen und Direktorenposten an Instituten bei uns. Die Ursachen – so zeigen Studien – liegen nicht am Können der Frauen. Leider fehlt es aber immer noch an wirklich

Antje Boetius

guten Unterstützungsprozessen für Frauen, die forschen wollen, und dennoch sich niederlassen und eine Familie zu gründen, auch bei uns. Noch trauriger ist der Umstand, dass wir weltweit immer noch keine gleichen Bildungschancen haben für Kinder, und immer noch einige Länder Frauen die Teilhabe am Wissen verwehren.

Wer dieses Buch liest, wird Persönlichkeiten entdecken, die nicht aufzuhalten waren. Die Leserinnen und Leser können eintauchen in das Leben von Frauen, die mit Neugierde, Lust am Wissen und Schaffenskraft ausgestattet, ein bemerkenswertes Werk hinterlassen haben. Denen wir heute für ihr Durchhaltevermögen danken können, weil sie eben nicht aufgegeben haben, sondern an unserer Zukunft gebaut. Wer dieses Buch gelesen hat, wird verstehen wollen, warum die Welt nicht schon längst gerechter ist für die Vielfalt der Geschlechter. Und sich fragen, in welcher Welt wir heute wohl leben würden, wären die großen und kleinen Forscherinnen des letzten Jahrhunderts bei ihrer Arbeit nicht behindert worden, sondern kräftig unterstützt.

Viel Spaß beim Lesen!

Antje Boetius
Tiefseeforscherin und Direktorin des Alfred-Wegener-Instituts,
Helmholtz Zentrum für Polar- und Meeresforschung

Mit einer Nussschale gegen die Pocken
Lady Mary Wortley Montagu (1689–1762)

Mit einer schnellen Bewegung ritzte die alte Frau die Haut am Handgelenk des Jungen ein. Auf dem feinen, roten Strich verteilte sie etwas Eiter und bedeckte die kleine Wunde, indem sie mit einer Leinenschnur eine halbe Walnussschale darauf band, um die Blutung zu stillen. Schon war alles vorbei.

Gespannt beobachtete ein Gast die Prozedur: Lady Mary Wortley Montagu wurde im Mai 1717 in Konstantinopel, dem heutigen Istanbul, erstmals Zeugin einer Variolation, einer Impfung mit intakten Pockenviren. Bald darauf beschloss sie, die Dinge selbst in die Hand zu nehmen.

Mary Montagu war als Tochter des Herzogs von Kingston-upon-Hull in unermesslichen Reichtum hineingeboren worden. Schon als Kind zeigte sie außerordentliche Neugier und großen Willen. Das Unmögliche zu erreichen, war bereits in ihrer Kindheit ein Leitmotiv, als sie »über die Wiesen rannte, um die große, goldene Feuerkugel einzufangen, die am Horizont versank«, um schließlich zu merken, dass alle Versuche »unmöglich« waren.[1] Mehr über die Welt zu erfahren, war von Anfang an einer ihrer Wesenszüge, und

---

1 Halsband, Robert: The Life of Lady Mary Wortley Montagu, Oxford (1956), S. 3.

die riesige Bibliothek ihres Vaters, die sie jederzeit nutzen konnte, war ihr Tor zur Wissenschaft.

Häufig versteckte sich Mary dort, manchmal von zehn Uhr morgens bis in die Nacht, aber stets »jeden Nachmittag von 16 Uhr bis 20 Uhr«[2], und erfuhr so von Dingen, die ihre Gouvernante ihr vorenthalten hatte: Sie brachte sich selbst Latein und Französisch bei, las über Philologie und Philosophie und hatte bereits im Alter von 15 Jahren zwei Gedichtbände und einen Roman verfasst. Außerdem pflegte sie Korrespondenz mit den zwei Bischöfen von Canterbury und Salisbury, Thomas Tenison und Gilbert Burnet, die aus der Ferne ihre Ausbildung vervollständigten. »Ich werde auf ungewöhnliche Weise Geschichte schreiben«[3], notierte sie in ihrem Tagebuch. Und sie behielt recht.

Die junge Frau war schlau, attraktiv und eigenwillig. Eine Freundin schrieb bewundernd über Lady Mary, dass sie »noch nie eine solche Schönheit« gesehen habe, aber hielt auch fest, dass es »ihre Persönlichkeit und ihre Geisteshaltung sind, die sie von anderen unterscheidet«.[4] Den vom Vater ausgewählten Ehemann verschmähte sie und heiratete stattdessen einen aufstrebenden Politiker. Während sie am Leben der Londoner Gesellschaft teilnahm, veröffentlichte sie weiter Gedichte, manche so bissig satirisch, dass sie anonym erscheinen mussten. Lady Mary schrieb Texte über die lockere Moral des britischen Adels und äußerte sich kraftvoll und provokativ über die Stellung und möglichen Rechte der Frauen – 150 Jahre bevor das Wort Feminismus erfunden wurde.

Die junge Adlige wurde auch am Hof von König Georg I. sehr beachtet. Dort waren Intelligenz und Charme von Vorteil. Lady

---

2 Halsband, a. a. O., S. 4–7.
3 Halsband, a. a. O., S. 2.
4 Phillips, Richard: Correspondence between Frances, countess of Hartford, afterwards duchess of Somerset, and Henrietta Louisa, countess of Pomfret, between the years 1738 and 1741, London (1805), Band 2, S. 233–234.

Lady Mary Wortley Montagu

Marys Schönheit indes verging plötzlich, und auf grausame Weise. 1715 steckte sie sich mit den Pocken an, ein Jahr zuvor war ihr 19-jähriger Bruder daran gestorben. Lady Mary kam knapp mit dem Leben davon, allerdings schwer gezeichnet.

Die mit dicker Flüssigkeit gefüllten Pusteln verursachten tiefe Narben und schädigten ihre Augen. Nie wieder konnte sie helles Licht ertragen und verlor auch ihre Wimpern. Ihren fortan starren Ausdruck bezeichneten Adlige als »Wortley-Blick«. Aus Scham zeigte sie sich öffentlich nur noch mit einem Seidenschleier verhüllt. Frauen mit vernarbter Haut wurden damals als »moralisch verkommen« betrachtet.

Bereits im 16. Jahrhundert hatten die Pocken unvorstellbares Leid in Europa hinterlassen. Zeitweise verloren jährlich bis zu 400 000 Menschen ihr Leben. Die Sterblichkeit bei Erkrankten war immens, 30 Prozent und mehr. Das »gefleckte Monster« war die tödlichste Seuche der Welt und führte zu mehr Toten als die schwarze Pest.

1717 nahm Lady Marys Leben eine plötzliche Wendung, als ihr Ehemann Botschafter am Osmanischen Hof wurde, um einen

Friedensvertrag zwischen Österreichern und Osmanen auszu-
handeln. In Konstantinopel widmete sich Lady Mary weiter der
Schriftstellerei und beschrieb als eine der Ersten, wie Frauen in der
Türkei lebten. So schuf sie auch ein neues Genre der Reiseliteratur.
»Bisher ist alles, was ich sehe, für mich so neu, dass jeder Tag wie
die frische Szene einer Oper ist«, schrieb sie am 1. April 1717 in einem
ihrer Briefe, die gesammelt als sogenannte »Turkish Embassy Letters« überliefert sind.[5] Bei ihren Recherchen machte sie eine bedeutsame Entdeckung: In türkischen Bädern beobachtete sie, dass nur
sehr wenige Frauen Pockennarben hatten. Ihre Neugier war geweckt.

Wegen ihrer Rolle als Botschaftergattin war Lady Mary die erste
westliche Frau, die allein zu Essen mit den Ehefrauen der türkischen
Oberschicht eingeladen wurde. Ihre Gastgeberinnen versicherten
ihr, dass die Variolationen sehr sicher seien. Diese Direktübertra-
gung lebender Pockenviren war ein sehr populäres Volksmittel, das
meist ältere Frauen aus Griechenland oder Armenien anboten. Sie
gingen zu den Kranken und riskierten, sich selbst zu infizieren. Als
Christinnen war ihr Leben aus Sicht der meist muslimischen Oberschicht entbehrlich, falls sie nicht ohnehin schon von den Pocken
genesen waren. Den Kranken entnahmen sie Eiter aus den Pusteln
und verabreichten ihn Gesunden. Nach etwa zehn Tagen begannen
die Behandelten, meist milde Symptome zu entwickeln, blieben
lebenslang immun und trugen kaum Narben davon. Das Verfahren
wurde längst auch in Afrika genutzt, in China hatte man jahrhun-
dertelang getrockneten und gemahlenen Pockenschorf geschnupft,
und arabische Ärzte hatten bereits Eiterinjektionen verabreicht. In
der westlichen Welt war all das aber unbekannt geblieben.

Verblüfft beschrieb Lady Mary in einem Brief am 1. April 1717:
»Die Menschen hier veranstalten Feste, und wenn sie sich treffen,

---

5   Halsband, Robert (Hrsg.): Mary Wortley Montagu: The Complete Let-
    ters of Lady Mary Wortley Montagu, 1708–1762. 3 Bände, London (1967).
    Montagu, Mary Wortley: The Turkish Embassy Letters. London (1994).

meist so 15 oder 16 insgesamt, kommt eine alte Frau mit der besten Art von Pocken und öffnet ihnen mit einer Nadel die Venen.«[6] Als ihr Ehemann auf Dienstreise war, wagte sie das Experiment an ihrem Sohn. Charles Maitland, Leibarzt der Familie, führte eine Variolation durch – mit Erfolg: Das Kind blieb immun.

Zurück in England erlebte Mary, wie dort im April 1721 die Pocken wüteten, und sie wollte um jeden Preis, dass sich ihre Erkenntnisse auch in der Heimat durchsetzen. Doch Pocken durch Pocken zu kurieren, wirkte auf viele Zeitgenossen wie unverantwortliche Quacksalberei. Lieber wollten sie sich anderen von Ärzten verschriebenen Heilmethoden aussetzen: Abführmittel zur Darmreinigung oder Kaltwasserkuren.

Lady Mary befand sich in einer unangenehmen Lage. Sie musste als ungelernte weibliche Medizinexpertin auftreten – in einer Zeit, als Frauen in Fragen der Wissenschaft nicht ernst genommen wurden. Doch unbeirrt verfolgte sie ihren Weg. Wieder war ihr Ehemann auf Reisen, wieder rief sie Doktor Maitland und ließ im April 1721 ihre damals dreijährige Tochter behandeln. Maitland war nervös, weil die Variolation viel Zorn erzeugen und seinem Ruf schaden könnte. Aber Lady Mary setzte sich willensstark durch. Zögernd schritt der Arzt zur Tat.

Nach zehn Tagen entwickelte das Mädchen Fieber, ließ sich aber bereitwillig und mit einem Lächeln untersuchen, als Lady Mary einige adlige Damen und Hofärzte einlud. Bei Schwererkrankten zeigten sich oft hunderte Pusteln, bei Marys Tochter nur etwa 30. Sie war der erste Mensch im Westen, der eine Variolation erhalten hatte und veränderte damit den Verlauf der Medizingeschichte in der westlichen Welt.

Die Nachricht vom Behandlungserfolg erreichte auch die Königsfamilie. Lange waren die Pocken der Fluch des Adels gewesen, sie

---

6   Lewis, Melville: Lady Mary Wortley Montagu, Her Life and Letters (1689–1762), London (1925), S. 135.

zerstörten ganze Thronfolgen und Erblinien, von denen Macht und Einfluss abhingen. König Georg I. erteilte rasch die Erlaubnis, die Variolation an sechs Sträflingen auszuprobieren. Der Schutz funktionierte, zum Lohn erhielten sie die Freiheit. Kurz darauf wurden elf Waisenkinder infiziert, auch sie überstanden die Anwendung.

Diese Versuche wurden so zu einer ersten Art von »klinischen Studien«. Das Interesse bei Hof wuchs, zwei Enkelinnen des Königs wurden der Prozedur ausgesetzt – die männliche Erblinie sollte vorerst nicht riskiert werden. Der prominente Arzt William Wagstaffe beklagte öffentlich, die Praktik im königlichen Palast werde von »einigen ignoranten Frauen« angewandt, und meinte damit vor allem Lady Mary.[7] Dennoch wurde die Variolation beim Adel immer populärer.

Allerdings, so beobachtete Lady Mary mit Schrecken, entwickelte sich die einfache Methode der kleinen Schnitte in den Händen britischer Ärzte zu einer Tortur. Ritzten die Frauen in der Türkei die Haut nur leicht ein, setzten die Briten tiefe Schnitte und füllten sie mit Eiter. Auf ihre Einnahmen wollten die Ärzte in England nicht verzichten und bereiteten weiter mit ihren herkömmlichen Methoden die Patienten intensiv auf die Variolation vor. So wurden die Patienten mit Aderlassen gequält oder gezwungen, sich durch »Reinigungsverfahren« wiederholt zu übergeben. Geistliche kritisierten zugleich, die Methode stehe nicht in Einklang mit der Natur. Die parlamentarische Gruppe der Whigs tendierte dazu, sie zu befürworten, die konservativen Torys waren dagegen.

Lady Mary unternahm viele Reisen und assistierte oft bei Variolationen. Die einen sahen sie als Heldin, andere als bedrohliche Figur, die dazu aufrief, gesunde Kinder mit tödlichen Pocken zu infizieren. Manche starben tatsächlich daran, denn zweifellos barg dieses frühe Impfverfahren Risiken – erst recht, wenn zu viel Eiter

---

7   Willett, Jo: The Pioneering Life of Mary Wortley Montagu – Scientist and Feminist, Barnsley (2021), S. 69.

aufgebracht wurde oder die Patienten nicht für einige Zeit in Quarantäne blieben und andere ansteckten. Doch die Todesgefahr bei einem Pockenausbruch war enorm hoch, und wer einmal geimpft war, blieb lebenslang geschützt.

Immer wieder versammelte sich ein wütender Mob vor Lady Marys Haus. Machte sie sich zu einer Variolation auf, wurde sie bisweilen von den frühen Impfgegnern mit verdorbenem Obst und Gemüse beworfen und beschimpft. Die Adlige war selbst zur Personifizierung der Pocken geworden – von manchen verhasst, von anderen bewundert. Ihr enger Freund Joseph Spence beschrieb sie ob der zutiefst gespaltenen öffentlichen Meinung als »die klügste, unbesonnenste, liebenswerteste, unangenehmste, gutmütigste und grausamste Frau der Welt«.[8]

Doch nach und nach etablierte sich das Verfahren. Lady Mary zog es im Juli 1739 erneut in die Ferne. Die folgenden 25 Jahre lebte sie auf dem europäischen Festland, unter anderem in Avignon, später in Brescia, Padua und Venedig und fühlte sich in Italien »so wohl, wie eine Maus im Parmesankäse«.[9] Sie widmete sich der Literatur, stand in Kontakt mit den Geistesgrößen ihrer Zeit, wie dem französischen Philosophen Voltaire, und verliebte sich in einen venezianischen Grafen. Ihren Ehemann sah sie nie wieder.

Francesco Algarotti war so alt wie ihr Sohn. Er war 20, sie 40 und fasziniert von ihm: »Nur ein zärtlicher Blick von ihm und ich falle in Ohnmacht – und finde den Himmel in seinen Armen.«[10] Algarotti war bisexuell, was sie nicht wusste, und verbrachte später einige Jahre am Hof von Friedrich dem Großen. Der Preußenkönig

8 Klima, Slava (Hrsg.): Joseph Spence – Letters from the Grand Tour, Montreal (1975), S. 356.
9 Halsband, Robert (Hrsg.): Mary Wortley Montagu: The Complete Letters of Lady Mary Wortley Montagu, 1708–1762. 3. Band, London (1967), S. 212.
10 Halsband, Robert & Grundy, Isobel (Hrsg.): Essays and Poems and Simplicity a Comedy, Oxford (1977), S. 295.

nannte Algarotti wegen seiner Attraktivität und Stilsicherheit den »Schwan von Padua«[11] und begann eine Affäre mit ihm.

1762 kehrte Lady Mary, die die erste Waffe gegen die Pocken nach Europa gebracht hatte, allein in ihre Heimat zurück und starb sieben Monate später an Krebs. Ihre Arbeit hatte die Tür geöffnet für weitere Verbesserungen im Kampf gegen die Pocken. 1767 wurde auch die Habsburger Kaiserin Maria-Theresia von Österreich zur Impfpionierin und ließ vier ihrer eigenen Kinder impfen, nachdem sie bereits vier durch die Seuche verloren hatte. Anstelle der Variolation entwickelte der englische Landarzt Edward Jenner 1796 die Vakzination, eine viel sicherere Impfung, aufbauend auf den Erkenntnissen von Lady Mary.

Jenner war selbst als Kind nach Lady Marys Methode gegen die Pocken geschützt worden und daran fast gestorben. Auch er hatte unter dem Aderlass gelitten. Später entdeckte er, dass Melkerinnen niemals Pocken bekamen, und schaffte so den Durchbruch. Am 14. Mai 1796 verabreichte Jenner einem achtjährigen Jungen Eiter aus Kuhpocken. Später pries Louis Pasteur ihn als Entdecker des ersten Impfstoffs. Die Skepsis am Schutz vor den Pocken blieb bestehen. Ein Karikaturist verspottete die Impfungen mit einer Zeichnung, in der frisch Geimpften Kuhbeine aus dem Körper wuchsen. Außerdem herrschte die Angst, dass die Impfung noch andere Tierkrankheiten übertragen könnte. Auch begann die Diskussion um eine Impfpflicht kurze Zeit nach Jenners Entdeckung. In einer frühen Parlamentsdebatte über den Pockenschutz betonte ein Abgeordneter das Recht, sich gegen den Pockenschutz zu wehren: »Das Recht, das Falsche zu tun, zählt immer noch zu den Privilegien frei geborener Engländer.«[12]

---

11 Frederick III of Prussia, Oeuvres der Fréderic le Grand, Berlin (1850), 22.327, 10. Oktober 1739.
12 Shapin, Steven: A Pox on the Poor, London Review of Books, Band 43, Nr. 3, 4. Februar 2021.

Anders als Edward Jenner hatte Lady Mary keine medizinische Ausbildung und schrieb auch keine akademischen Abhandlungen über ihre Arbeit. Der Kampf gegen die Pocken, denen noch im 20. Jahrhundert bis zu einer halben Milliarde Menschen zum Opfer fielen und die erst 1980 für ausgerottet erklärt werden konnte, war einer der größten Erfolge der Medizin. Die Arbeit von Lady Mary Wortley Montague hatte daran großen Anteil. Sie war eine starke Frau, noch bevor dieser Begriff erfunden worden war, und hatte in ihrem gesamten Leben großen Mut bewiesen.[13] Nicht selten gerieten Frauen in der Geschichte der Wissenschaft schnell in Vergessenheit – Lady Mary Wortley Montagu, die den Verlauf der Medizingeschichte entscheidend verändert hat, ist eine von ihnen.

13 Willett, Jo: The Pioneering Life of Mary Wortley Montagu – Scientist and Feminist, Barnsley (2021), S. 214.

Zwangsläufig eine höhere Temperatur
Eunice Newton Foote (1819–1888)

Die Anordnung des Experiments, das Eunice Newton Foote im Heimlabor ausführte, war denkbar einfach. Materialaufwand: zwei Glaszylinder, vier Thermometer und eine Luftpumpe. Sie platzierte in den Zylindern je zwei Thermometer. Mit Hilfe der Luftpumpe schuf sie in dem einen Zylinder ein Vakuum und komprimierte das enthaltene Gas im anderen. Bei gleicher Ausgangstemperatur der Zylinder setzte sie diese sodann der Sonneneinstrahlung aus. Denselben Versuch unternahm sie jeweils mit gewöhnlicher Luft, mit Kohlendioxid (CO_2) und mit Stickstoff sowie bei unterschiedlichen Feuchtigkeitsgraden. Dabei stellte sie dreierlei fest. Zum Ersten, dass die Luftdichte einen Unterschied machte und sich die komprimiertere Luft stärker aufheizte. Des Weiteren, dass feuchte Luft mehr Sonnenstrahlung aufnahm als trockene, und CO_2 mehr als Luft. Tatsächlich heizte der Zylinder mit CO_2 sich stärker auf als der mit Luft gefüllte und erreichte eine Spitzentemperatur von 48,88° C (120° Fahrenheit), gegenüber 37,77° C (100° Fahrenheit). Er kühlte zudem langsamer wieder ab.

Manche Irrtümer klären sich schnell auf, andere halten sich hartnäckig. Sehr hartnäckig. Sogar über Jahrhunderte hinweg. So zum Beispiel die Annahme, der Zusammenhang zwischen Kohlendioxid und Treibhauseffekt sei erstmals 1859 vom irischen Physiker John Tyndall aufgezeigt worden. Doch diese Darstellung ist gleich in zweifacher Hinsicht falsch, denn das Phänomen wurde bereits drei Jahre zuvor in einem wissenschaftlichen Aufsatz beschrieben. Und der stammte nicht etwa von John Tyndall, sondern eben von Eunice Newton Foote und beruhte auf ihrem Experiment mit den Glaszylindern. Bis zur Richtigstellung dieses Doppelirrtums vergingen jedoch mehr als 150 Jahre.

1819 in Goshen (Connecticut) geboren, wuchs Eunice Newton mit zehn Geschwistern in Troy (New York) auf. Ihr Vater, Isaac Newton Jr., war Landwirt und, anders als der Name vermuten lassen könnte, keineswegs der Sohn des berühmten englischen Physikers, Astronomen und Mathematikers Sir Isaac Newton, der bereits 1726 verstorben war. Doch eine entfernte Verwandtschaft zwischen den beiden bestand tatsächlich[1] und so mag die Wissenschaft Eunice Newton im Blut gelegen haben. Für eine Frau in dieser Zeit kein Segen. Denn wenngleich die Naturwissenschaften sich im 19. Jahrhundert in einem steilen Aufschwung befanden, galten si
e fast ausschließlich als Männerdomäne.

Aber Eunice Newton hatte in mehrfacher Hinsicht Glück. Zum einen konnte sie am »Mekka der Frauen«[2], dem Troy Seminary, eine Ausbildung absolvieren. Die Vorläuferin der heutigen Emma Willard School war die erste höhere Bildungsanstalt für Frauen in den USA und wurde 1814 von der Pädagogin Emma Willard gegründet, die eine Vorkämpferin des Rechts auf höhere Bildung für Frauen war und in ihrer Schule auch Unterricht in Naturwissenschaften anbot. Als Lehrer fungierte dort der Botaniker, Geologe und Pädagoge Amos Eaton. Eaton, ein Mann von vielen Talenten, war Jurist und praktizierte zunächst als Anwalt, verbüßte wegen Landspekulation und Urkundenfälschung eine mehrjährige Gefängnisstrafe, absolvierte anschließend ein Studium der Naturwissenschaften und startete als Wissenschaftsautor und Dozent durch. Er war Mitbegründer der Rensselaer School, einer privaten technischen Hochschule. Sein

---

1   Shapiro, a. a. O.
2   Perkowitz, a. a. O.

Eunice Newton Foote

Versuch, dort auch Wissenschaftsvorlesungen für Frauen anzubieten, stieß jedoch auf wenig Gegenliebe seitens des Kollegiums und war daher kurzlebig. Emma Willard hingegen nahm ihn mit offenen Armen an ihrer Schule auf. »Anscheinend«, merkte der Wissenschaftsjournalist Akshat Rathi zwei Jahrhunderte später spöttisch an, »hatte man ihm nicht gesagt, dass Frauen untauglich für die Wissenschaft sind, und so konnte Foote an seiner Schule die Grundlagen der Chemie und des Experimentierens erlernen.«[3]

Ob das allein freilich ausgereicht hätte, um ihr den Weg zur aktiven wissenschaftlichen Betätigung zu bahnen, ist fraglich. Eine weitere glückliche Fügung kam jedoch hinzu. 1841 heiratete Newton den Patentrechtler und Richter Elisha Foote. Selbst Hobbyforscher und Erfinder, unterstützte Foote auch die wissenschaftlichen Ambitionen seiner Frau. Die beiden richteten ein Heimlabor ein und Eunice, nunmehr Newton Foote, setzte ihre forscherischen Tätigkeiten fort.

Allerdings engagierte sie sich auch auf anderen Gebieten. An ihrem Wohnort Seneca Falls (New York) lernte das Ehepaar

---

3 Rathi, a. a. O.

Elizabeth Cady Stanton kennen. Sie war die treibende Kraft hinter der Seneca Falls Convention, dem ersten Kongress in den USA, der sich ausschließlich mit Frauenrechten befasste und sogar bereits das Wahlrecht für Frauen forderte. Die Abschlusserklärung der Tagung, die sogenannte »Declaration of Sentiments«, wurde zu einem Grundmanifest der amerikanischen Frauenbewegung. Und Newton Foote spielte bei alledem keine reine Nebenrolle. Sie gehörte neben Cady Stanton selbst zu denen, die das Sitzungsprotokoll für die spätere Veröffentlichung vorbereiteten, und ihre Unterschrift findet sich bei der »Declaration of Sentiments« (1848) an fünfter Stelle. Nicht minder bemerkenswert: Auch Elisha Foote unterschrieb. Als Vierter auf der Liste findet er sich dabei unmittelbar vor dem illustren Sozialreformer, Schriftsteller und Kämpfer gegen die Sklaverei, Frederick Douglass.

Ihr Einsatz für Frauenrechte minderte aber offenbar nicht Newton Footes Elan in der Forschung und so trat sie 1856 mit einem Fachaufsatz an die Öffentlichkeit, der bahnbrechend hätte sein können – wenn gebührend von ihm Notiz genommen worden wäre. Genau das geschah jedoch nicht.

Das Papier trug den Titel »Circumstances Affecting the Heat of the Sun's Rays« (»Umstände, die die Hitze der Sonnenstrahlen beeinflussen«). Darin beschrieb sie das von ihr durchgeführte Experiment sowie die Schlussfolgerungen, die sie daraus zog und zu denen niemand vor ihr gelangt war. Zutreffend schloss sie aus der höheren Erwärmung der verdichteten Luft, dass dies die Ursache der niedrigeren Temperaturen in großer Höhe im Gebirge sein müsse. Mit der stärkeren Erwärmung feuchter Luft erklärte sie die drückende Hitze vor sommerlichen Stürmen. Und der spürbare Unterschied zwischen Luft und CO_2 veranlasste sie zu folgender Betrachtung: »Eine aus diesem Gas bestehende Atmosphäre würde unserer Erde eine hohe Temperatur verleihen; und sollte, wie manche annehmen, während eines Abschnitts ihrer Geschichte die Luft mit einem höheren Anteil davon vermischt gewesen sein als gegenwärtig, hätte dies zwangsläufig ... zu einer höheren Temperatur geführt.«

Damit hatte Eunice Newton Foote zwar keineswegs als Erste das Phänomen des Treibhauseffekts an sich beschrieben. Dieses Verdienst kommt vielmehr dem französischen Physiker und Mathematiker Jean Baptiste Joseph Fourier (1768–1830) zu, der die entsprechenden Mechanismen bereits Mitte der 20er-Jahre des 19. Jahrhunderts beschrieben hatte. Und der Erste, der eine globale Erwärmung aufgrund anthropogener Treibhausgasemissionen vorhersagte, war – 40 Jahre nach Newton Footes Experiment – der Schwede Svante Arrhenius (1859–1927). Newton Footes Versuch gestattete es ihr nicht, die Mechanismen zu erfassen, die den erkannten Phänomenen zugrunde lagen. Auch erkannte sie nicht, dass es nicht das sichtbare Sonnenlicht ist, das die Erwärmung auslöst, sondern die vornehmlich von der Erdoberfläche reflektierte langwellige Infrarotstrahlung. Und doch war sie eine Pionierin. Was sie geleistet hatte, war die erstmalige Herstellung eines Zusammenhangs zwischen Erderwärmung und der Kohlendioxidkonzentration in der Atmosphäre. Und auch die Bedeutung des Wasserdampfs – ebenfalls ein potentes Treibhausgas – für die Klimaerwärmung klingt in ihrem Artikel an. Diese Pionierarbeit aber wurde von der Nachwelt nicht ihr zugerechnet.

Am 23. August 1856 trat sie bei der achten Jahrestagung der American Association for the Advancement of Science (AAAS) mit ihren Erkenntnissen vor die Fachöffentlichkeit. Allerdings nicht, indem sie ihr Papier selbst vortrug. Das übernahm der renommierte Physiker Joseph Henry (1797–1878), der erste Präsident der Smithsonian Institution. Mit der Herablassung männlicher Galanterie kommentierte Henry zum einen das hervorragende Aussehen der Autorin, versicherte den im Raum versammelten Forschenden jedoch auch, dass ihre Qualitäten über die Schönheit hinausreichten, lobte den Beitrag und merkte an, Footes Arbeit beweise: »Wissenschaft gehört keinem Land und keinem Geschlecht und die Sphäre des Weiblichen umfasst nicht nur das Schöne und Nützliche, sondern auch das Wahre.«[4]

---

4 Zitiert nach McNeill, a. a. O.

Warum aber Henry den Beitrag vorstellte und nicht Newton Foote selbst, ist nicht ganz klar. Es ist fraglich, ob die Regularien der AAAS dem entgegengestanden hätten, da die Vereinigung auch weibliche Mitglieder aufnahm. Deren Status wich allerdings von dem der männlichen Forscher ab, die die Titel »Professional« oder »Fellow« trugen, während Frauen schlicht als »Mitglieder« geführt wurden.[5] Ob damit jedoch eine Beschränkung des Rechts einherging, eigene Forschungsergebnisse selbst vorzutragen, ist unklar. Immerhin tat Newton Foote genau dies nur ein Jahr später mit einem weiteren Papier zu einem anderen Thema.[6]

Jedenfalls lösten ihr Experiment und die daraus abgeleitete Hypothese weder in der AAAS noch darüber hinaus ein nachhaltiges Echo aus. Im Tagungsband der Jahrestagung von 1856 findet sich bemerkenswerterweise keine Erwähnung des Papiers von Newton Foote oder des Vortrags von John Henry. Über einen Beitrag von Elisha Foote hingegen wird berichtet. Immerhin erschien der Aufsatz noch im selben Jahr in voller Länge im *American Journal of Science and Arts*. Weitere Abdrucke gab es nicht und nur wenige andere wissenschaftliche Fachblätter griffen ihn auf. Der *Scientific American* brachte 1856 immerhin einen Artikel zum Thema »Scientific Ladies«, in dem ausführlich auf Newton Foote verwiesen wurde. Dabei betonte der Autor, dass sie dazu beigetragen hätte, einen wissenschaftlichen Streit zu lösen, in den Exponenten unterschiedlicher Theorien involviert waren, ohne diese jedoch mit praktischen Experimenten untermauert zu haben, und merkte an: »Es freut uns, sagen zu können, dass dies nun durch eine Dame getan wurde.«[7] Ferner, so der *Scientific American*, liefere die Arbeit Newton Footes »reichlich Beweise für die Fähigkeit der Frau, jedes Thema mit Originalität und

---

5   McNeill, a. a. O.; Edwards, a. a. O.
6   Vgl. McNeill, a. a. O.; Rathi, a. a. O.; Schwartz, a. a. O.
7   Zitiert nach Wagner Reed, a. a. O.

Präzision zu untersuchen«.[8] Auch die *New York Daily Tribune* griff das Thema noch im selben Jahr auf, zitierte aber nicht etwa Newton Foote selbst, sondern Joseph Henry, der die Arbeit Newton Footes indes wenig begeistert kommentierte:»... Obwohl die Experimente interessant und wertvoll waren, war jeder Versuch, ihre Bedeutung zu interpretieren, mit zahlreichen Schwierigkeiten verbunden.«[9] Das von David A. Wells herausgegebene *Annual of Scientific Discovery* berichtete in der Ausgabe für 1857 ebenso darüber wie das *Canadian Journal of Industry, Science and Art*, das in seiner kurzen Notiz auf »einige interessante Ergebnisse von Experimenten zu diesem Thema«[10] verwies. Schließlich informierten auch zwei europäische Fachpublikationen über die Entdeckung der amerikanischen Kollegin. 1856 erschien eine Meldung hierzu im *Jahresbericht über die Fortschritte der reinen, pharmaceutischen und technischen Chemie, Physik, Mineralogie und Geologie für 1856* sowie in *Fortschritte der Physik im Jahre 1856*. 1857 folgte dann noch das *Edinburgh New Philosophical Journal*, das allerdings irrtümlich Elisha Foote als Autor benannte.[11]

Insgesamt also keine sonderlich beeindruckende (oder beeindruckte) Reaktion auf eine wissenschaftliche Entdeckung von solchem Gewicht. Oder, anders ausgedrückt: »Dem Anschein nach ging die Bedeutung des Papiers an all jenen vorbei, die ein besonderes Interesse daran gehabt haben könnten.«[12]

---

8   Zitiert nach Perkowitz, a. a. O.
9   New York Daily Trib., 26 August 1856, zitiert nach Jackson, a. a. O.
10 New ser. v. 2, no. 7 (Jan. 1857), online verfügbar etwa URL: https://www.canadiana.ca/view/oocihm.8_05122_7/76?r=0&s=4. Übersetzung des Verfassers.
11 Vgl. Jackson, a. a. O.; UCSB (Hrsg.), From Eunice Newton Foote to UCSB, Begleitinformationen zur Ausstellung in der Bibliothek der UCSB, 2020, Seite zum Thema «Did John Tyndall read Eunice Foote's Paper?« (online).
12 Jackson, a. a. O., S. 114.

Oder doch nicht? Drei Jahre später trat der Ire John Tyndall (1820–1893) mit ähnlichen Erkenntnissen an die Öffentlichkeit. Tyndall, der an der Universität Marburg promoviert hatte, war ein angesehener und gut vernetzter Wissenschaftler, Dozent und Autor vielgelesener Fachbücher, der einige Jahre später zum Präsidenten der British Society for the Advancement of Science gewählt wurde. Er war ein Unterstützer Darwins und ein Verfechter der Trennung von Religion und Wissenschaft. Zu seinen Interessengebieten gehörten der Diamagnetismus und die Gletscherforschung, die er keineswegs nur vom Schreibtisch aus, sondern vor Ort in den Alpen betrieb. Tyndall war ein ausgezeichneter Bergsteiger. In seinem 1860 erschienen Buch »The Glaciers of the Alps« – das er dem Naturwissenschaftler Michael Faraday, dem Erfinder des gleichnamigen Käfigs und Entdecker der elektromagnetischen Induktion, widmete – beschrieb er, wie er, in Hemdsärmeln und lediglich mit einem Schinkensandwich und dem Rest seines Frühstückstees als Proviant, allein das Monte-Rosa-Massiv bestieg.[13]

1859 veröffentlichte er das Ergebnis eines eigenen Experiments, mit dem er die Absorption von Wärmestrahlung durch Wasserdampf und Kohlendioxid demonstrierte. Er berichtete seine Forschungsergebnisse unmittelbar an die Royal Society, die britische Akademie der Naturwissenschaften, hielt rasch einen entsprechenden Vortrag und sorgte dafür, dass Berichte in diversen europäischen Fachjournalen erschienen.[14] Dabei merkte er in seinem Schreiben an die Royal Society an: »Nichts ist, soweit ich weiß, bisher zum Thema Übertragung von Strahlungswärme durch Gase publiziert worden.«[15] Nach weiteren Experimenten publizierte er 1861 seinen grundlegenden Aufsatz zu diesem Thema in den *Philosophical Transactions* der

---

13 Tyndall (1896), S. 151 ff.
14 Jackson, a. a. O., S. 111.
15 Zitiert nach Brockell.

Royal Society[16]. Und galt seither als Urheber dieser Theorie und sogar als Begründer der modernen Klimawissenschaften[17].

Tyndall war ein Wissenschaftsprofi und seine Versuchsanordnung war wesentlich ausgefeilter als die von Eunice Newton Foote. Anders als sie benutzte er für sein Experiment einen mit kochendem Wasser gefüllten sogenannten Leslie-Würfel, der zur Messung der Wärmeübertragung von Objekten dient, und setzte ein Differenzialspektrometer ein. Dieses Gerät ermöglichte es ihm, auch sehr geringe Absorptionsmengen festzustellen und die unterschiedliche Absorption verschiedener Gase sowie derselben Gase bei unterschiedlicher Dichte zu messen. Im Gegensatz zu der Amerikanerin erkannte Tyndall ferner, dass es die langwellige terrestrische Infrarotstrahlung war, die für die Erwärmung verantwortlich ist.

Und dennoch bleibt festzuhalten, dass Newton Foote als Erste auf den Zusammenhang zwischen Kohlendioxid, Wasserdampf und Erderwärmung hingewiesen hatte und deshalb ihrerseits als Begründerin der modernen Wissenschaft des Klimawandels gelten kann.[18] Und dass Tyndall dies mit keinem Wort erwähnte. In seinem Beitrag aus dem Jahr 1861 bezieht er sich auf die Arbeit von De Saussure, Fourier, Pouillet, Hopkins und Melloni. Aber Newton Foote? Fehlanzeige. Seit der Wiederentdeckung der amerikanischen Wissenschaftspionierin ist daher die Frage aufgeworfen worden, ob Tyndall seine Vorläuferin schlicht totgeschwiegen und ihre Entdeckung gar »gestohlen« habe.[19] Die Frage ist umstritten und wird wohl vorerst ungeklärt bleiben.

Es mag einerseits verwunderlich erscheinen, dass einem gut informierten, bestens vernetzten Fachmann vom Kaliber Tyndalls ein bahnbrechendes Forschungsergebnis auf einem Terrain, das

---

16 Tyndall (1861).
17 Vgl. statt anderer etwa noch 2018: Hawkins, a. a. O.
18 Vgl. etwa Wilkinson, a. a. O.
19 Vgl. etwa Brockell, a. a. O.

er selbst bearbeitete, nicht bekannt gewesen sein soll. Allerdings scheinen auch andere damalige Koryphäen auf dem Gebiet der Physik Footes Arbeit nicht gekannt zu haben.[20] Bei Tyndall lag die Sache allerdings insofern anders, als es aus zwei Gründen zumindest nicht unwahrscheinlich ist, dass er die Ausgabe des *American Journal of Science and Arts* in Händen gehalten hat, in der ihr Beitrag veröffentlicht wurde. Denn erstens erschien in eben jener Ausgabe ein Artikel von Tyndall selbst, der sich mit dem Thema Farbenblindheit beschäftigte.[21] Und zweitens war er Redaktionsmitglied des *Philosophical Magazine*, das zwar nicht den Artikel Newton Footes, wohl aber den direkt daneben platzierten Beitrag ihres Mannes abdruckte.[22] Zudem galt Tyndall aufgrund seiner guten Deutschkenntnisse Mitte des 19. Jahrhunderts als ein wichtiger Vermittler zwischen deutschen und britischen Wissenschaftlern, sodass er auch die Zusammenfassungen ihres Aufsatzes in deutschen Fachpublikationen gekannt haben könnte.[23]

Ein bewusstes Verschweigen durch Tyndall kann somit nicht ganz ausgeschlossen werden. Andererseits ist darauf hingewiesen worden, dass Tyndall einen Ruf zu verlieren hatte und ein solches Vorgehen zum einen nicht ohne Risiko und zum anderen untypisch für einen Wissenschaftler gewesen wäre, der in Fragen wissenschaftlicher Erstentdeckung sehr korrekt vorgegangen sein und zudem im Zweifel eher die Seite des Underdogs ergriffen haben soll.[24] Doch es ist zumindest ein Fall bekannt, in dem der berühmte

---

20 Jackson, a. a. O., S. 114.
21 Rathi, a. a. O.; vgl. auch Mandel, a. a. O., unter Berufung auf John Perlin.
22 Vgl. Shapiro, a. a. O.
23 Vgl. UCSB, a. a. O.
24 Jackson, a. a. O., S. 114, der auch darauf hinweist, dass Tyndall sich mit seinen Versuchsanordnungen offenbar erst an die von ihm erzielte getroffene Schlussfolgerung herangetastet hat, was dagegen spreche, dass er das mit seinen Versuchen zu beweisende Ergebnis bereits vorab kannte.

Physiker eine andere frühere Arbeit nicht anerkannte – die ausgerechnet von Joseph Henry stammte, also jenem Physiker, der
Newton Footes Papier 1856 auf der Tagung der AAAS vorgestellt
hatte.[25] Zudem mag es für Tyndall darauf angekommen sein, ob
der Underdog männlichen oder weiblichen Geschlechts war, da er
nicht frei von Sexismus war.[26] Was wiederum auch dazu geführt
haben könnte, dass er Newton Footes Entdeckung nicht bewusst
unterschlug, sondern das Papier einer Kollegin schlicht keiner
Beachtung gewürdigt haben und daher aus diesem Grund tatsächlich unwissend gewesen sein könnte.[27]

Unabhängig davon, ob Tyndall aus niederen Motiven die Entdeckung Eunice Newton Footes verschwieg oder nicht, steht fest,
dass ihre Arbeit auch sonst kaum Resonanz fand. Und es scheint
schlüssig, dies auf drei Gründe zurückzuführen: Sie war Amateur-
wissenschaftlerin, sie war Amerikanerin und sie war eine Frau.[28]

Dass die professionellen Vertreter eines Fachs auf diejenigen
herabblicken, die sie als Dilettantinnen und Dilettanten betrach-
ten, war und ist damals wie heute üblich. Anders als heute aber
war Mitte des 19. Jahrhunderts nicht Amerika, sondern Europa
der Nabel der wissenschaftlichen Welt. Noch 1870 bezeichneten
sich in den USA nur 75 Menschen als Physiker oder Physikerin
und in diesem Fachgebiet hatten sich bis dahin allenfalls Benjamin
Franklin und Joseph Henry einen über ihren Kontinent hinausrei-
chenden Ruf erworben. Es gab keine nennenswerte wissenschaftliche Infrastruktur und kaum einen transatlantischen Austausch
zu wissenschaftlichen Themen.[29] Und Frauen kamen bei alledem

---

25 Brockell, a. a. O., unter Bezugnahme auf John Perlin; zu Tyndalls Sexis-
    mus vgl. auch Jackson, a. a. O., S. 117
26 Ebd.
27 Vgl. Jackson, a. a. O., S. 117
28 Vgl. Jackson, a. a. O., S. 116 ff.; vgl. auch Shapiro, a. a. O. und Schwartz,
    a. a. O.
29 Jackson, a. a. O., S. 115 f.

ohnehin kaum vor. Schon gar nicht in der Physik. Die Mehrzahl der amerikanischen Wissenschaftlerinnen des 19. Jahrhunderts fokussierte sich auf Botanik, Zoologie oder Biologie, während im Verlauf des gesamten Jahrhunderts lediglich 16 Aufsätze im Fachbereich Physik von amerikanischen Frauen veröffentlicht wurden. Lediglich zwei davon erschienen wiederum vor 1889 – und beide stammten von Eunice Newton Foote![30]

Auch Eunice Newton Foote selbst kam auf das Thema offenbar nie wieder zurück. Sie forschte wohl weiter, doch ihr zweiter, 1857 erschienener wissenschaftlicher Artikel hatte die elektrische Erregung zum Gegenstand.[31] Außerdem betätigte sie sich als Erfinderin. Bis zu ihrem Tod im Jahr 1888 erwarb sie selbst drei Patente, darunter Patent Nummer 28/265 vom 15. Mai 1860 für eine Gummisohle, die das Quietschen von Schuhen verhindern sollte. Zudem unterstützte sie wohl auch ihren Mann bei dessen Erfindungen.[32]

Das Ehepaar Newton Foote hatte zwei Töchter, die ihrerseits eine gewisse Bekanntheit erlangten. Mary Foote Henderson war Autorin, Sozialaktivistin, Immobilienentwicklerin und Ehefrau des Senators John B. Henderson, einem Mitverfasser des 13. Zusatzartikels zur amerikanischen Verfassung, durch den die Sklaverei abgeschafft wurde. Augusta Foote Arnold war ebenfalls Autorin mit wissenschaftlichen Ambitionen. Ihr Buch »The Sea-Beach at Ebb-Tide: A Guide to the Study of the Seaweeds and the Lower Animal Life Found Between Tide-Marks« gilt als Standardwerk und wurde noch 2018 nachgedruckt. Unter dem Pseudonym Mary Ronald veröffentlichte sie nebenher zudem Kochbücher.

---

30 Jackson, a. a. O., S. 117. Vgl. auch die Anmerkung von Hayhoe, zitiert nach Mandel: »She really has been lost to history and I'm absolutely sure there's a strong gender component to that.«
31 Vgl. etwa Jackson, a. a. O., S. 116.
32 Vgl. Shapiro, a. a. O.

Eunice Newton Foote und ihre Entdeckung selbst aber gerieten in Vergessenheit. Und so wäre es womöglich auch geblieben, wäre nicht im Jahr 2011 der amerikanische Geologe Raymond P. Sorenson zufällig auf den Bericht über ihr Papier im *Annual of Scientific Discovery* gestoßen. Sorenson, der alte Ausgaben dieses Jahrbuchs sammelte, war gefesselt, ging der Sache nach. Inzwischen hat er mehrere Artikel zum Thema publiziert.[33] Unvermittelt erschien Eunice Newton Foote so wieder im Rampenlicht der Klimawissenschaft und kann dort nun, nach anderthalb Jahrhunderten – und rund 200 Jahre nach ihrer Geburt – endlich den Platz einnehmen, der ihr gebührt. In den letzten Jahren wurden ihr unter anderem zahlreiche Artikel, ein wissenschaftliches Symposium der University of California at Santa Barbara (UCSB), eine Ausstellung und sogar ein Kurzfilm gewidmet und Sothebys versteigerte eine Ausgabe des *American Journal of Science and Arts,* in dem ihr Beitrag abgedruckt wurde, für immerhin 10 080 US-Dollar.

Die Frage ihres Wiederentdeckers Sorenson allerdings steht weiterhin im Raum: »Wie viele Eunice Footes warten dort draußen darauf, entdeckt zu werden?«[34]

---

33 Sorenson, a. a. O.
34 Zitiert nach Perkowitz, a. a. O.

Das Universum für 30 Cent die Stunde
Henrietta Swan Leavitt (1868–1921)

Die Initiative des berühmten schwedischen Gelehrten kam zu spät. 1925 schrieb Gösta Mittag-Leffler an die Astronomin Henrietta Swan Leavitt: »Verehrtes Fräulein Leavitt, was mein Freund und Kollege Professor von Zeipel aus Uppsala mir über Ihre bewundernswerte Entdeckung des empirischen Gesetzes betreffend den Zusammenhang zwischen der Helligkeit und der Periodenlänge der Cepheiden der kleinen Magellanschen Wolke erzählt hat, hat mich so tief beeindruckt, dass ich ernsthaft geneigt bin, Sie für den Physiknobelpreis des Jahres 1926 zu nominieren.«[1]

Das Wort des sehr gut vernetzten Stockholmer Mathematikers und Förderers der russischen Mathematikerin Sofia Kowalewskaja hatte in der schwedischen Akademie durchaus Gewicht. Immerhin hatte er sich maßgeblich und mit Erfolg dafür eingesetzt, dass der Nobelpreis für Physik im Jahr 1903 nicht nur an Henri Becquerel und Pierre Curie ging, sondern dass auch Marie Curie berücksichtigt wurde. Auch in anderen Fällen versuchte er, mit wechselndem Erfolg, auf die Vergabe des Preises Einfluss zu nehmen. So wurde Henri Poincaré entgegen der Empfehlung Mittag-Lefflers nicht mit dem Preis bedacht, Albert Einstein hingegen sehr wohl.[2]

---

1 Zitiert nach: Johnson, a. a. O., S. 118.
2 Vgl. dazu Persson/Stubhaug, a. a. O. S. 1046 ff., S. 1050.

Henrietta Swan Leavitt

Im Fall Swan Leavitts aber konnte der Stockholmer Professor nichts mehr ausrichten, denn sie war bereits 1921 verstorben, wie Mittag-Leffler allerdings erst aus dem Antwortschreiben Harlow Shapleys, des Direktors des Harvard College Observatory, Leavitts langjähriger Arbeitsstätte, erfuhr. Der Nobelpreis aber wird grundsätzlich nicht posthum verliehen.

Henrietta Swan Leavitt verstarb jung, mit gerade einmal 53 Jahren. Geboren wurde sie am amerikanischen Nationalfeiertag, dem 4. Juli 1868 in Lancaster (Massachusetts). Das älteste von sieben Kindern eines kongregationalistischen Pfarrers entstammte einer Familie mit »gutem puritanischem Stammbaum«, deren Wurzeln in England vier Jahrhunderte zurückverfolgt werden konnten.[3] Ihr Vater, George Roswell Leavitt, hatte am theologischen Seminar in Andover Massachusetts promoviert. Auch zwei ihrer Brüder schlugen eine kirchliche Laufbahn ein (der eine als Pfarrer, der andere als Missionar)

---

3   So Johnson, a. a. O., S. 25. Zur Zahl der Kinder: O'Connor/Robertson, a. a. O.

und Henrietta Swan Leavitt selbst blieb ihr Leben lang tief religiös.[4] Doch Glaube und Wissenschaft schlossen sich in ihrem Fall nicht aus. Auch einen anderen namhaften Wissenschaftler – oder genauer gesagt: Techniker – brachte die Familie neben Henrietta hervor: Ihr Onkel Erasmus Darwin Leavitt Jr. (1836–1916) zeichnete sich als Maschinenbauer aus und entwickelte unter anderem 1873 eine neu-artige Pumpmaschine für die Wasserwerke der Stadt Boston. Er war Mitglied der American Academy of Arts and Sciences und Präsident der American Society of Mechanical Engineers.

Henrietta Swan Leavitt schien eine wissenschaftliche Karriere zunächst allerdings nicht unbedingt vorgezeichnet. Da ihr Vater zwischenzeitlich auf eine Pfarrstelle in Cleveland (Ohio) gewech-selt war, schrieb sie sich 1885 am renommierten Oberlin College in Oberlin (Ohio) ein und absolvierte dort ein zweijähriges Grundstu-dium. Aus dem mittleren Westen der USA kehrte sie dann zurück an die Ostküste, um ihre Ausbildung an der Society for the Collegiate Instruction of Women, dem späteren Radcliffe College (heute Teil der Harvard Universität), in Cambridge (Massachusetts) fortzusetzen.

Die Aufnahmeprüfung für das Frauencollege war durch-aus anspruchsvoll und umfasste die Bereiche klassische Litera-tur, Fremdsprachen (Latein, Griechisch, Deutsch, Französisch), Geschichte (entweder griechische und römische oder amerikani-sche und englische) sowie Mathematik, Physik und Astronomie. Lediglich in Geschichte zeigte Swan Leavitt Schwächen, die sie aber im Lauf des Studiums auszugleichen vermochte. Nach Aus-sage einer Kommilitonin beeindruckte sie außerdem »mit der Klarheit ihres Geistes und der liebenswürdigen Vernünftigkeit ihres Wesens«.[5] Sie belegte Kurse in Geisteswissenschaften, Eng-lisch und immerhin fünf Fremdsprachen: Griechisch und Latein,

---

4   Vgl. Lightman, a. a. O., S. 112. Zu Henriettas Brüdern vgl. Johnson,
     a. a. O., S. 39 (passim).
5   Zitat ebd., S. 115.

Französisch, Italienisch und Deutsch (wobei ihr Letzteres offenbar nicht lag und ihr die einzige Benotung mit »C« – ungefähr einer 3 auf der deutschen Benotungsskala entsprechend – einbrachte). Mathematik und Naturwissenschaften hörte sie ebenfalls und erzielte dabei gute bis sehr gute Noten. Doch das Angebot war eher begrenzt. Immerhin: In ihrem Abschlussjahr kam auch Astronomie hinzu – und auch dieses Fach schloss sie mit einem A– (etwa: 1–) ab. 1892 beendete sie ihr Studium. Der Lohn ihrer Mühen war ein Zertifikat, in dem ihr bescheinigt wurde, dass sie, wäre sie ein Mann, den akademischen Grad eines Bachelor of Arts der Harvard Universität erworben hätte.[6]

Aber sie war kein Mann, und dieser Abschluss zweiter Klasse öffnete nicht die Türen, die ein wirkliches Harvard-Diplom im Zweifel weit aufgestoßen hätte. Und so trat sie nicht etwa eine gut bezahlte Stelle an, sondern arbeitete zunächst ohne Bezahlung. Und zwar am Observatorium der Universität Harvard, das sie von ihrem Studium her bereits kannte.

Mag die Wissenschaft seit der Wende vom 19. zum 20. Jahrhundert sich noch so sehr verändert haben, eines galt damals wie heute: Es fehlte stets an Geld. Auch der Direktor des Harvard-Observatoriums, Edward Pickering (1846–1919), hatte zwar große Pläne, aber ein kleines Budget. Doch er wusste sich zu helfen, wie er in einer 1906 vor Studenten der prestigeträchtigen studentischen Ehrengesellschaft Phi Beta Kappa in Harvard gehaltenen Rede darlegte: »Ein großes Observatorium sollte so sorgsam organisiert und verwaltet werden wie eine Eisenbahn. Jede Ausgabe sollte im Auge behalten, jede echte Verbesserung eingeführt werden. Expertenrat sollte willkommen sein und, sofern gut, befolgt werden und es sollte die größte Sorge getragen werden, mit jedem ausgegebenen Dollar den größtmöglichen Ertrag zu erzielen. Große Einsparungen lassen sich dadurch erreichen, dass ungelernte und daher

---

6 Zum Ausbildungsweg Swan Leavitts siehe Johnson, a. a. O., S. 26 f.

preiswerte Arbeitskräfte eingesetzt werden – natürlich unter sorgfältiger Aufsicht.«[7]

Was schlimmstenfalls nach Ausbeutung, bestenfalls nach einem höchst unattraktiven Angebot klang, erwies sich für Swan Leavitt immerhin als Chance zum Einstieg in den Beruf der Astronomin.

Eine der Aufgaben, für die Pickering seine »preiswerten Arbeitskräfte« einsetzte, war das Auswerten von Fotoplatten mit Aufnahmen des Sternenhimmels. Die Bilder entstanden im Wege der Langzeitbelichtung durch Kameras, die an astronomischen Teleskopen montiert waren. Mit der stetigen Verfeinerung der Fotografie an sich nahm auch die sogenannte Astrofotografie einen Aufschwung und Pickering erkannte ihr Potenzial. Den Großteil der ihm zugänglichen Aufnahmen lieferte dabei das Boyden Observatorium, das die Universität Harvard auf einem Berg in der Nähe von Arequipa (Peru) installiert hatte. Die Sternwarte wurde damals von dem Astronomen Solon I. Bailey geleitet, der für einen stetigen Nachschub an Fotoplatten sorgte, die sich allmählich in Cambridge türmten und der Auswertung harrten.

Pickering versprach sich von der Analyse der Fotoplatten unter anderem eine Bestimmung der Helligkeit der fotografierten Sterne. Für diese sogenannte Sternfotometrie wurde die Fotoplatte, ein gläsernes Negativ, in einen Holzrahmen eingespannt, an dessen Unterseite ein Spiegel angebracht war, der Tageslicht reflektierte und die Aufnahme so von hinten beleuchtete. Was auf den Platten zu erkennen war, erinnerte an Farbflecken, die mit einem Pinsel auf eine weiße Leinwand geschleudert wurden. Die Größe der auf den Platten abgebildeten Himmelskörper konnte dann mit derjenigen solcher Sterne verglichen werden, deren Helligkeit bereits bestimmt worden war.[8] Eine zeitraubende und mühsame Arbeit, die heutzutage von Computern erledigt würde. Und auch Ende des

---

7   Zitiert nach Johnson, a. a. O., S. 18.
8   Vgl. Zum Arbeitsablauf: Hunter a. a. O.; Johnson, a. a. O., S. 24.

19. Jahrhunderts nutzte man dafür bereits Computer. Nur dass der Begriff eine völlig andere, dem eigentlichen Wortsinn allerdings durchaus entsprechende Bedeutung hatte: Rechner. Pickerings Computer waren keine Maschinen, sondern Angestellte, die sich dieser Aufgabe akribisch und mit großer Geduld hingaben.

Wie diese Arbeit in der Praxis aussah, drückten Angestellte des Observatoriums in einer von ihnen geschriebenen und »Observatory Pinafore« betitelten Parodie der Gilbert-and-Sullivan-Operette »H. M. S. Pinafore« in Versform knapp und prägnant aus. Dort stimmt ein Chor der »Computer« folgendes Klagelied an:

»We work from morn till night,
Computing is our duty,
We're faithful and polite,
And our record book's a beauty.«

»Wir schuften von früh bis spät,
Rechnen ist unsere Pflicht.
Treu und höflich sind wir
Und unser Aufzeichnungsbuch ein Gedicht.«[9]

Und das alles für wenig Geld. Sehr wenig. Der Stundenlohn betrug 25 bis 50 Cent – lediglich zehn Cent mehr als der eines Baumwollarbeiters.[10] Von diesem Hungerlohn konnte man freilich nur schwer eine Familie durchbringen, und da die Aufgabe des Ernährers zu jener Zeit üblicherweise den Männern zufiel, fanden sich für Pickerings Sisyphusarbeit ausschließlich Frauen, deren Bezahlung die Hälfte dessen betrug, was ein Mann verdient hätte.[11] Die Rechner waren also Rechnerinnen. Eine der Ersten war seine Haushälterin,

9   Zitiert nach Johnson, a. a. O., S. 22.
10 Vgl. Johnson, a. a. O., S. 9 und Geiling, a. a. O.
11 Geiling, a. a. O.

Williamina Paton Stevens Fleming (1857–1911), die allerdings, von ihrem Mann verlassen, durchaus eine Familie zu ernähren hatte und in ihrem Tagebuch klagte: »Denkt er jemals daran, dass ich, genau wie die ganzen Männer, einen Haushalt zu führen und eine Familie zu versorgen habe? Aber ich nehme an, auf derartige Annehmlichkeiten hat eine Frau keinen Anspruch. Und das hält man jetzt für ein aufgeklärtes Zeitalter! ... Ich stehe am Rand des Zusammenbruchs.«[12]

Pickering behandelte seine »Rechnerinnen« dennoch mit Respekt, und als Paton Fleming ihn um eine Gehaltserhöhung bat, reichte er die Anfrage nach oben weiter. Zudem wurde sie später unter seiner Ägide zur Kuratorin für astronomische Fotografie ernannt. Doch das Geld war knapp und Pickering, der selbst auch nur etwa zwei Dollar die Stunde verdiente[13], achtete darauf, dass für den geringen Verdienst auch Leistung erbracht wurde.[14]

Interessentinnen fanden sich dennoch immer wieder, und insgesamt verrichteten im Lauf seiner langen Amtszeit von 1877 bis 1919 80 Frauen im Observatorium der Harvard Universität die Tätigkeit als »Computer«[15], was einen Studierenden der amerikanischen Astronomin Vera Rubin Jahrzehnte später zu der Bemerkung veranlasste: »Die amerikanische Astronomie verdankt ihre Spitzenstellung zwei Entdeckungen: Hale entdeckte das Geld und Pickering entdeckte die Frauen.«[16]

---

12 Zitiert nach Johnson, a. a. O., S. 21.
13 Hunter, a. a. O.
14 Vgl. Johnson, a. a. O., S. 20, S. 21; Lightman, a. a. O. spricht von einem »komplexen Verhältnis« Pickerings zu seinen Mitarbeiterinnen, das einerseits von Mitgefühl, Freundlichkeit und Ermutigung geprägt war, andererseits aber auch mit Ausbeutung einherging.
15 Geiling, a. a. O.
16 Vgl. Rubin, a. a. O. Die Anspielung bezieht sich auf George Ellery Hale (1868–1938), einen amerikanischen Astronomen, der mit großem Erfolg Sponsorengelder für astronomische Forschungsprojekte einwarb, so u. a. das noch heute als Hale-Teleskop bezeichnete 5-Meter-Spiegelteleskop der Mount-Palomar-Sternwarte.

Wobei auch Pickering erfolgreich Akquise betrieb. Und zwar ebenfalls mit Hilfe einer Frau, der mit ihm befreundeten Witwe des Astronomen Henry Draper, Mary Anna Palmer Draper. Sie wurde zu einer wichtigen Unterstützerin des Observatoriums, dessen Arbeit sie mit erheblichen Sach- und Geldmitteln förderte.[17] Palmer Draper wollte durch ihr Engagement sicherstellen, dass die Arbeit ihres Mannes zur chemischen Zusammensetzung der Sterne auch nach dessen Tod fortgeführt werden konnte. Und trug so mit dazu bei, dass die »preiswerten Arbeitskräfte« mit ihrer Arbeit die Astronomie voranbringen konnten. Denn unter den von Pickering engagierten, zu seiner Zeit scherzhaft-despektierlich als »Pickerings Harem« bezeichneten Mitarbeiterinnen befanden sich mehrere herausragende Astronominnen, die als »Harvard Computers« Wissenschaftsgeschichte schrieben. So ging etwa die Arbeit von Pickerings ehemaliger Haushälterin Williamina Paton Stevens Fleming ein in die später als Henry-Draper-Katalog veröffentlichte Katalogisierung der Sterne, an der auch eine ihrer Kolleginnen, Florence Cushman (1860–1940), mitwirkte. Und die wiederum entwickelte ein System zur Klassifizierung der Sterne, das später von Annie Jump Cannon (1863–1941), einer weiteren herausragenden Protagonistin der Harvard Computers, weiter verfeinert wurde.[18]

Einen besonderen Platz in dieser illustren Wissenschaftlerinnenrunde nimmt auch Henrietta Swan Leavitt ein, denn sie »gab der Astronomie die dritte Dimension«.[19] Und das zunächst sogar ohne jede Bezahlung.

---

17 Vgl. zur Rolle Mary Anna Palmer Drapers ausführlich etwa: Sobel, a. a. O. S. 3 ff.; zur Rolle Drapers und des Henry Draper Fund: Plotkin, a. a. O.
18 Jeder der hier Genannten und weitere Wissenschaftlerinnen aus dem Kreis der «Harvard Computers« ließe sich mühelos ein eigenes Kapitel widmen. Da dies den Rahmen der vorliegenden Darstellung sprengen würde, wurde an dieser Stelle Henrietta Swan Leavitt beispielhaft hervorgehoben.
19 Lightman, a. a. O., S. 112.

Nachdem sie ihr Volontariat im Observatorium aufgenommen hatte, vermaß sie Sterne, wobei Pickering Wert darauf legte, dass sie auch nach variablen Sternen Ausschau hielt.[20] Wozu der amerikanische Physiker Jeremy Bernstein anmerkte: »Variable Sterne waren schon seit Jahren von Interesse gewesen, doch ich zweifle daran, dass, als sie [Henrietta] diese Platten studierte, Pickering dachte, dass sie eine bedeutende Entdeckung machen würde, die schließlich die Astronomie verändern würde.«[21]

Bei diesen sogenannten »Veränderlichen« zeigen sich Helligkeitsschwankungen, die sich innerhalb bestimmter, jedem Stern eigener sogenannter Perioden ereignen. Diese Zyklen von der größten Helligkeit zur geringsten und erneut zum hellsten Strahlen betragen bei einigen variablen Sternen wenige Tage, bei anderen Wochen oder gar Monate, und ihre Ursache war ausgangs des 19. Jahrhunderts noch unbekannt. Leavitt hielt sich an die Anweisung. Dazu bedienten sie und ihre Kolleginnen sich eines einfachen Kunstgriffs: Zwei Glasplatten wurden übereinandergelegt. Es handelte sich einerseits um das übliche Negativ mit seinen unzähligen schwarzen Punkten, zum anderen um eine Positivaufnahme eines zu einem anderen Zeitpunkt geschossenen Fotos desselben Himmelsabschnitts. Wurden die Sterne der beiden Platten genau übereinandergelegt, deckten sich Positiv- und Negativbild eines Sterns gleichbleibender Größe ab, sodass er nicht mehr sichtbar war. War jedoch der von einem Stern gebildete dunkle Punkt des Negativs umgeben von einem Lichtkranz auf der Positivaufnahme, verriet dies eine Zunahme der Helligkeit. Nun konnten weitere Aufnahmen desselben Sterns verglichen und so Schritt für Schritt ermittelt werden, wie lang das Intervall zwischen der geringsten und der maximalen Helligkeit war. Eine Tätigkeit, der

---

20 Ebd., S. 29.
21 Zitiert nach: Whitlock/Evans/Rhodri, S. 147.

sich Swan Leavitt nach Aussage einer Kollegin »mit nahezu religiösem Eifer« widmete.[22]

Bis 1896. Dann legte sie ihre bis dahin gewonnenen Erkenntnisse schriftlich nieder und machte sich auf zu einer zweijährigen Europareise. Vermutlich kamen ihr dabei die auf der Universität erworbenen Sprachkenntnisse zugute.

Zurück in den USA nahm sie zwar erneut Kontakt zu Pickering auf, nicht jedoch ihre frühere Arbeit. Zwar erklärte sie sich bereit, wie von Pickering angeregt ihr Manuskript aus dem Jahr 1896 zu überarbeiten, nahm dieses jedoch mit nach Beloit (Wisconsin), wohin ihre Familie zwischenzeitlich übersiedelt war, und trat am dortigen College eine Stelle als Kunstlehrerin an. Erst im Frühjahr 1902 wandte sie sich erneut an ihren früheren Chef, erklärte, dass ein inzwischen überstandenes Augenleiden sie daran gehindert habe, ihre Arbeit fortzusetzen, und bat darum, dies nun von Wisconsin aus tun zu dürfen. In einem Brief vom 12. Mai schrieb sie: »Ich kann Ihnen gar nicht sagen, wie sehr ich es bedaure, dass die Arbeit, die ich mit so großer Wonne betrieben und mit solch enormer Freude bis zu einem gewissen Punkt vorangebracht habe, unvollendet ist. Ich entschuldige mich von ganzem Herzen, dass ich Ihnen in dieser Angelegenheit nicht schon längst geschrieben habe.«[23]

Leavitt, die später fast vollständig taub wurde, erwähnte hier zudem erstmals, dass ihr Hörvermögen nachgelassen habe und ihr Ohrenarzt geraten hatte, sich vor Kälte zu schützen, weshalb sie sich bei Pickering erkundigte, ob er ihr eine Lehranstalt oder ein Observatorium an einem warmen Ort empfehlen könne, um dort

---

22 Zitat ebd., S. 30. Dort auch Beschreibung der Methode zum Aufspüren variabler Sterne. Eine detaillierte Beschreibung und abgedruckte Beispiele derartiger Glasplatten finden sich auch in Swan Leavitts bahnbrechendem Artikel »1,777 Variables in the Magellanic Clouds«, erschienen in den »Annals of Harvard College Observatory«, Vol. 60, S.87–108.3, dort auf S. 88.

23 Zitat ebd., S. 31.

ihre Tätigkeit wieder aufzunehmen. Das konnte er nicht. Hingegen schlug er ihr eine vorübergehende Rückkehr an sein eigenes Observatorium vor, verbunden mit dem Vorschlag, anschließend wieder von Wisconsin aus zu arbeiten, und einem von ihm offenbar als verlockend verstandenen Angebot: »Angesichts der Qualität ihrer Arbeit wäre ich bereit, 30 Cent pro Stunde anzubieten, obwohl unsere übliche Rate in derartigen Fällen bei 25 Cent liegt.«

Und Swann Leavitt war mit dem Vorschlag scheinbar nicht unzufrieden. Sie nahm ihn mit den folgenden Worten an: »Mein lieber Professor Pickering, es hat sich als möglich erwiesen, meine Angelegenheit hier derart zu erledigen, dass ich nächsten Monat nach Cambridge kommen und bleiben kann, bis die Arbeit abgeschlossen ist. Ihr sehr großzügiges Angebot von 30 Cent pro Stunde ermöglicht mir dies.«[24]

Aus der Ankunft im folgenden Monat wurde allerdings nichts, da Familienangelegenheiten sie erneut aufhielten. Erst im August 1902 traf sie schließlich in Cambridge ein, arbeitete das Wintersemester hindurch und machte ab Anfang 1903 erneut Urlaub in Europa. Dann aber, nach einem erneuten Abstecher nach Beloit, kehrte sie endgültig nach Cambridge und ans Harvard Observatory zurück. Und damit begann die Zeit ihrer großen Entdeckungen.

Wobei sich in diesem Fall die Binsenweisheit »ohne Fleiß kein Preis« voll und ganz bewahrheitete. Denn Swan Leavitt wühlte sich durch Unmengen von Fotoplatten und verglich die Größe der darauf verewigten Punkte. Im Frühjahr 1904 wurde sie fündig: In der Kleinen Magellanschen Wolke – einer Galaxie der Lokalen Gruppe, zu der auch unsere eigene Galaxie (die Milchstraße) und die Andromeda-Galaxie gehören – machte sie eine Anzahl von Sternen aus, deren Größe auf den Platten schwankte. Und die Zahl nahm rapide zu. Die junge Astronomin wurde von einem regelrechten »Veränderlichen-Fieber« gepackt, entdeckte immer neue

---

24 Zitate ebd., S. 31 f., S. 32.

Beispiele und veröffentlichte ihre Erkenntnisse in den Rundschreiben des Observatoriums. Was der Fachwelt nicht verborgen blieb. Ein Kollege aus Princeton schrieb an Pickering: »Was für eine Furie in Sachen ›Veränderliche‹ Fräulein Leavitt ist. Man kommt bei dem Tempo der neuen Entdeckungen gar nicht mehr mit.«[25]

Tatsächlich ließ die »Furie« nicht locker, die Zahl der erkannten variablen Sterne wuchs und ein 1908 in den *Annals of the Observatory of Harvard College* veröffentlichter Aufsatz Swan Leavitts trug den Titel »1,777 Variables in the Magellanic Clouds«. Eine derart hohe Zahl identifizierter variabler Sterne war an sich bereits bemerkenswert. Doch die wichtigste Aussage findet sich eher versteckt fast am Ende des Papiers: »Es ist zudem beachtenswert, dass (…) die helleren ›Veränderlichen‹ die längeren Perioden haben.«[26]

Mit Hilfe der von ihr entdeckten Cepheiden – nach dem Stern δ Cephei im Sternbild Cepheus benannte veränderliche Sterne – war Swan Leavitt auf dem Weg zu einer Erkenntnis, die die Astronomie revolutionieren sollte. Dass sie es in ihrem Aufsatz dennoch bei einem lakonischen Satz beließ, lag vermutlich daran, dass sie sich dieser Erkenntnis noch nicht gänzlich sicher war. Denn sie beruhte auf den Daten von lediglich 16 Sternen – aus ihrer Sicht zu wenig, um grundlegende Schlüsse zu ziehen. Es bedurfte weiterer Forschung, um ihre Theorie solider zu untermauern.[27]

Doch das musste warten. Ende 1908 erkrankte Swan Leavitt und musste sich einer Krankenhausbehandlung unterziehen. Die Rekonvaleszenz zog sich hin, weitere Erkrankungen folgten. Für das Jahr 1909 fiel sie komplett aus. Pickering, der ihr rosa Rosen ins Krankenhaus geschickt hatte, erkundigte sich immer wieder

---

25 Zitat ebd., S. 37.
26 Vgl. oben, Fn. 20. Das entscheidende Zitat findet sich auf S. 107.
27 Vgl. dazu: Pickering a. a. O. Dort heißt es: »In H.A. 60, No. 4, attention was called to the fact that the brighter variables have the longer periods, but at that time it was felt that the number was too small to warrant the drawing of general conclusions.«

nach ihrem Befinden und riet ihr, erst nach vollkommener Genesung ins Observatorium zurückzukehren. Doch er scharrte auch mit den Hufen. Dabei ging es ihm freilich nicht um die »Veränderlichen« in der Kleinen Magellanschen Wolke, sondern er wollte seine überaus kompetente und bewährte Mitarbeiterin auf eines seiner Leib- und Magenprojekte ansetzen: Die Forschung zur Nordpolarsequenz, einer Gruppe von Sternen am Himmelsnordpol, von der er sich bahnbrechende Ergebnisse erwartete. Swan Leavitt wiederum litt ebenfalls unter der Situation, wie ein Brief aus dem Dezember 1909 zeigt, in dem sie ihn wissen ließ: »Den Gedanken an unerledigte Arbeit, insbesondere zur Standard-Helligkeit, muss ich soweit wie möglich vermeiden, da er mich nervlich belastet.«[28]

Pickering sandte ihr schließlich Glasplatten nach Beloit, die sie dort auswertete. Im Mai 1910 kehrte sie zwar nach Cambridge zurück, doch ihr Aufenthalt war wieder von kurzer Dauer, denn im März 1911 starb ihr Vater und Swan Leavitt verließ Cambridge erneut, um sich um ihre Mutter zu kümmern und den Nachlass zu regeln. Ihrer Rückkehr im Herbst desselben Jahres folgte jedoch eine Zeit relativ ungestörten Arbeitens, in der es ihr gelang, Aufzeichnungen über 25 variable Sterne in der Kleinen Magellanschen Wolke zu erstellen, die das bereits zuvor erkannte Muster bestätigten: Je heller der Stern war, desto länger war seine Periode. Swan Leavitt sprach von einer »bemerkenswerten Relation zwischen der Helligkeit dieser ›Veränderlichen‹ und der Länge ihrer Perioden«.[29] Ein klarer Fall von Understatement, denn tatsächlich bahnte sich hier eine wissenschaftliche Revolution an.

Und die wurde 1912 in einem Beitrag unter dem Titel »Periods of 25 Variable Stars in the Small Magellanic Cloud« der Öffentlichkeit

---

28 Vgl. Johnson, a. a. O., S. 39 f. Zitat S. 40.
29 Zitiert nach Johnson, a. a. O., S. 43.

zugänglich gemacht,[30] als dessen Autor allerdings nicht etwa Swan Leavitt selbst aufgeführt war, sondern Pickering. Denn es war üblich, dass der Direktor anstelle seiner Assistentinnen die Autorenschaft beanspruchte. Immer wieder kam es auch vor, dass Swan Leavitts Fortschrittsberichte bei den Tagungen der Astronomical and Astrophysical Society of America nicht von ihr, sondern von Pickering oder Bailey vorgetragen wurden.[31] Immerhin begann der bahnbrechende Aufsatz mit der Feststellung: »Die folgende Aussage betreffend die Perioden von 25 veränderlichen Sternen in der Kleinen Magellanschen Wolke wurde von Fräulein Leavitt vorbereitet.«[32] Der entscheidende Satz des mit mehreren Diagrammen versehenen Artikels findet sich auf dessen zweiter Seite: »Da die Entfernung der veränderlichen Sterne zur Erde wahrscheinlich etwa gleich weit ist, stehen ihre Perioden offenbar im Zusammenhang mit ihrer tatsächlichen Lichtemission, bestimmt von ihrer Masse, Dichte und Oberflächenhelligkeit.«[33]

Das von Swan Leavitt entdeckte Phänomen war die sogenannte Perioden-Leuchtkraftbeziehung und sie hatte damit nicht weniger geschaffen als die Grundlage für die Vermessung des Universums, oder zumindest seines für uns sichtbaren Teils. Bis dahin waren der Astronomie nämlich in jener Hinsicht enge Grenzen gesetzt gewesen. Man hatte sich zu diesem Zweck vor allem der trigonometrischen Parallaxe bedient. Die Parallaxe ist laut Duden »Der Winkel, der entsteht, wenn ein Objekt von zwei verschiedenen Standorten aus betrachtet wird, und der als scheinbare Verschiebung des Objekts vor dem Hintergrund zu beobachten ist.« Klassisches Beispiel ist der vor dem Körper am ausgestreckten Arm in die Höhe gereckte Daumen, der vor dem entfernteren Hintergrund

30 Pickering, a. a. O.
31 Vgl. Lightman, a. a. O., S. 122; Johnson, a. a. O., S. 38.
32 Pickering, a. a. O., S. 1.
33 Ebd., S. 2.

einen Sprung zu machen scheint, wenn er abwechselnd mit dem rechten oder dem linken Auge betrachtet wird (»Daumensprung«). Kennt man die Länge der Basislinie (im Beispiel des Daumensprungs der Augenabstand) und die Winkel der Blicklinie zum angepeilten Objekt, so lässt sich ein imaginäres Dreieck bilden, dessen Seitenlängen geometrisch bestimmbar sind. Die Höhe des Dreiecks ist gleich der Entfernung vom Mittelpunkt der Basislinie zum Scheitelpunkt des Dreiecks und markiert damit zugleich die Distanz zum angepeilten Objekt.

Die Grenzen dieser Messmethode sind unschwer erkennbar: Je weiter das anvisierte Objekt entfernt ist, desto breiter muss die Basislinie sein. Angesichts der Distanzen im Kosmos und der zu Beginn des 20. Jahrhunderts bestehenden technischen Möglichkeiten (menschengemachte Satelliten, mit deren Hilfe man die Basislinie theoretisch unendlich weit ins Weltall verschieben könnte, gab es nicht) ein praktisch unüberwindliches Hindernis für die Bestimmung der Distanz sehr ferner Himmelskörper. Ende des 17. Jahrhunderts gelang es dem französischen Astronomen Jean Richer, mit dieser Methode die Entfernung zum Mars zu bestimmen. Dazu bedurfte es jedoch bereits einer Basislinie von Paris bis nach Cayenne in Südamerika. Ende der 1830er-Jahre schaffte es der aus Minden stammende Friedrich Wilhelm Bessel sogar, auf diesem Weg die Entfernung zu nahegelegenen Sternen zu bestimmen. Bessel, zu dessen Schülern unter anderem Friedrich Wilhelm Argelander gehörte, dessen sog. Bonner Durchmusterung ebenfalls einen Meilenstein der Astronomie darstellt, nutzte für seine Messungen die Linie zwischen den äußersten Punkten der Umlaufbahn der Erde um die Sonne als Basislinie und machte so 61 Cygni zum ersten Fixstern, dessen Entfernung auf diesem Weg gemessen wurde. Doch bei einer Entfernung von 100 Lichtjahren geriet die Methode an ihre Grenzen. Angesichts der Tatsache, dass allein unsere eigene Galaxie einen Durchmesser von an die 200 000 Lichtjahren hat, weder beeindruckend noch befriedigend. Und auch mit anderen damals bekannten

Berechnungsmethoden, etwa der Moving-Cluster-Methode, kam man lediglich auf 500 000 Lichtjahre.[34] Immer noch nicht annähernd genug.

Auftritt Henrietta Swan Leavitt. Da man aufgrund der Annahme, dass alle von ihr entdeckten Cepheiden ungefähr gleich weit von der Erde entfernt sind, eine Beziehung zwischen deren Periode und absoluten Helligkeit herstellen konnte, eigneten sie sich als »Standardkerzen«, also Himmelskörper, deren absolute Helligkeit bekannt oder bestimmbar ist. Durch die Relation zwischen absoluter und scheinbarer Helligkeit aber lässt sich im Wege einer Umkehrung des sogenannten Distanzmoduls die Entfernung ermitteln. Das Distanzmodul besagt, dass bei bekannter Entfernung die absolute Helligkeit direkt aus der ebenfalls bekannten scheinbaren Helligkeit folgt. Diese Gleichung lässt sich nun umkehren, sodass aus scheinbarer Helligkeit und absoluter Helligkeit die Entfernung eines Himmelskörpers abgeleitet werden kann.[35]

Einen Haken hatte die Sache allerdings noch: Zwar ging man davon aus, dass die von Swan Leavitt beobachteten Cepheiden in etwa gleich weit von der Erde entfernt waren. Nur wusste man nicht, wie weit das genau war. Es bedurfte noch einer Kalibrierung anhand eines Cepheiden, dessen Entfernung von der Erde bekannt war. Es war der dänische Astronom Ejnar Hertzsprung (1873–1967), der 1913 die Entfernung zu einem näher gelegenen Cepheiden berechnete und sich in seinem im Fachblatt *Astronomische Nachrichten* erschienenen Beitrag auch auf Henrietta Swan Leavitt und ihre Perioden-Leuchtkraft-Beziehung bezog.[36] Freilich verrechnete sich Hertzsprung, aber ein Anfang war gemacht. Auch Harlow Shapley (1885–1972), ab 1921 Direktor des Harvard College Observatory, machte sich für seine Berechnungen zur Größe

---

34 Lightman, a. a. O., S. 112.
35 Vgl. dazu etwa: Spektrum.de, Eintrag: Distanzmodul.
36 Hertzsprung, a. a. O., S. 204.

der Milchstraße die Leavitt-Relation zunutze. Dass auch er sich irrte und unsere Galaxie deutlich größer schätzte, als sie tatsächlich ist, änderte nichts an der Validität der von Leavitt erkannten Relation. Shapley selbst, der seit 1914 am Mount-Wilson-Observatorium tätig war und sich die Vermessung der Milchstraße zum Ziel gesetzt hatte, war die Bedeutung der von Swan Leavitt erzielten Forschungsergebnisse bewusst. Und er wandte sich an ihren Vorgesetzten Pickering, um Swan Leavitts Sicht der Dinge einzuholen. Seine Wertschätzung spiegelt sich in einem Brief an Pickering aus dem Jahr 1917 wider, in dem es heißt: »Ich denke, ihre Entdeckung der Relation von Periode und Leuchtkraft wird sich als eines der bedeutendsten Ergebnisse der Stellarastronomie erweisen.«

Später bezeichnete er sie als »eine der wichtigsten Frauen, die sich jemals mit Astronomie befasst haben«.[37]

Auch der berühmte Edwin Hubble (1889–1953), der spätere Namensgeber des seit 1990 Bilder aus dem All sendenden Hubble-Weltraumteleskops, stützte sich bei seinen Forschungen zur Expansion des Weltalls auf Leavitts Perioden-Leuchtkraft-Beziehung und vermochte so die Entfernung zum Andromedanebel, der nächstgelegenen Nachbargalaxie unserer Milchstraße, zu bestimmen. Hubbles Forschungsergebnisse wiederum führten andere Astronomen zu der Erkenntnis, dass das Universum sich ausdehnt. Und, so merkte der amerikanische Astronom, Physiker und Wissenschaftsautor Alan Lightman dazu an: »Keiner dieser wahrhaft kosmischen Durchbrüche in unserem Wissen wäre ohne Leavitts Entdeckung des Verhältnisses zwischen Magnituden und den Perioden der veränderlichen Cepheiden möglich gewesen.«[38]

Bemerkenswert ist, dass Swan Leavitt in ihrem grundlegenden Aufsatz nicht explizit darauf hinwies, dass ihre Erkenntnis

---

37 Zitiert nach Johnson, a. a. O., S. 67, S. 88.
38 Vgl. zu Hubbles Forschung etwa Johnson, a. a. O., S. 94–96; Lightman, a. a. O., S. 125, S. 246 folgende. Zitat bei Lightman, S. 125.

zur Entfernungsmessung im Weltall genutzt werden konnte. Da nicht anzunehmen ist, dass sie diesen Zusammenhang selbst nicht erkannte, ist über den Grund für diese Unterlassung spekuliert worden. Lightman kommt zu dem Schluss, dass dies persönlicher Bescheidenheit geschuldet sein könnte, mit größerer Wahrscheinlichkeit aber daran lag, dass »die Stellung von Leavitt und ihren Kolleginnen nicht solcherart war, dass sie zu ehrgeizigen Behauptungen ermuntert worden wären«.[39] Oder, wie die amerikanische Astronomin Cecilia Payne-Gaposchkin es später ausdrückte: »Pickering wählte seine Belegschaft aus, um zu arbeiten, nicht um zu denken.«[40]

Dazu passte, dass Henrietta Swan Leavitt an der Kalibrierung und der weiteren, auf ihrer Entdeckung beruhenden Forschung nicht mehr beteiligt war. Vermutlich entsprach dies nicht ihren Wünschen. Doch obwohl nach Ansicht Payne-Gaposchkins »die brillanteste aller Frauen in Harvard«, war sie zugleich »jemand, die dachte, dass die Pflicht allem anderen vorgeht. Sie hätte sich nicht einmal beschwert.« Pickering hatte andere Pläne für sie und sie fügte sich.[41] Erneut setzte er sie auf die Nordpolarsequenz an. Dazu musste sie penibel die Helligkeit der 96 am Himmelsnordpol gelegenen Sterne vermessen, weil er sich erhoffte, dass sie zum »Goldstandard«[42] für die Bestimmung der Helligkeit von Sternen werden würde.

Und wieder lieferte Swan Leavitt. Zwar erkrankte sie zwischenzeitlich erneut, musste sich unter anderem einer Magenoperation unterziehen. Doch im Januar 1914 vermerkte sie, dass die Recherche abgeschlossen war. Drei Jahre später erschien ein umfänglicher Aufsatz in den *Annals of the Astronomical Observatory of Harvard*

---

39 Lightman, a. a. O., S. 123.
40 Zitat bei Johnson, a. a. O., S. 88.
41 Vgl. Farnes/Kass-Simon/Nash, a. a. O., S. 104.
42 Johnson, a. a. O., S. 40.

College. Ihr Biograf George Johnson vermerkt dazu: »Für Uneingeweihte staubtrocken, war der Bericht ein großartiges Werk, das Daten von 299 Fotoplatten von 13 verschiedenen Teleskopen verband. Jede Magnitude musste penibel gecheckt und gegengecheckt werden, im ständigen Bewusstsein des Unterschieds zwischen bloßen Daten und echten Phänomenen.« Und, so Johnson weiter: »Es war eine Arbeit, auf die man stolz sein konnte. Doktortitel sind schon für geringere Leistungen vergeben worden.«[43]

Doch Swan Leavitt, die neben ihren anderen Erfolgen im Laufe ihres Lebens auch insgesamt 2400 variable Sterne – und damit etwa die Hälfte aller bekannten »Veränderlichen« – identifizierte[44], wurde nie promoviert. Es ist auch nicht bekannt, ob sich Pickering – wie im Falle Annie Jump Cannons – beim Präsidenten der Universität für ihre Beförderung auf eine akademische Stelle oder zumindest in die Aufnahme des Universitätsverzeichnisses einsetzte (beides wurde allerdings auch Jump Cannon verwehrt).[45] Sie avancierte an ihrem Observatorium lediglich zur Leiterin der stellaren Photometrie, behielt aber während ihrer gesamten Laufbahn den Titel einer Assistentin.[46]

Wir werden niemals wissen, welche weiteren bahnbrechenden Ergebnisse Swan Leavitt, die nach Ansicht Solon Baileys in ihrer Arbeit »außergewöhnliche Originalität, außergewöhnliches Können und außergewöhnliche Geduld« bewies[47], noch erzielt hätte, wenn ihr mehr Zeit geblieben wäre. Denn der Tod riss sie mitten aus dieser Arbeit. Ende 1921 erlag sie ihrem Magenkrebs. Ein Foto aus demselben Jahr zeigt sie bereits deutlich von der Krankheit gezeichnet. Annie Jump Cannon vermerkte am 6. Dezember 1921

---

43 Vgl. ebd., S. 58, S. 59.
44 Lightman, a. a. O., S. 120; Hunter a. a. O.
45 Vgl. ebd., S. 87.
46 Johnson, a. a. O.; Lightman, a. a. O., S. 126.
47 Zitat bei Lightman, a. a. O., S. 115.

in ihrem Tagebuch: »War bei der armen Henrietta Leavitt, die an einem bösartigen Magenleiden stirbt. So dünn und verändert. Sehr, sehr traurig.«

Auch Harlow Shapley, inzwischen Direktor des Observatoriums, besuchte sie am Krankenlager und kommentierte dies mit den Worten: »Eines der wenigen anständigen Dinge, die ich getan habe, war, sie am Sterbebett zu besuchen.«[48]

Am 12. Dezember 1921 verstarb Henrietta Swan Leavitt. Ihre Leistung war von grundlegender Bedeutung: »Die wahrscheinlich grundlegendste Verschiebung unseres Verständnisses des Universums, nach der Erkenntnis, dass die Erde nicht dessen Zentrum ist, sollte sich als direktes Ergebnis der Arbeit Henriettas ergeben.«[49] Doch nicht nur der Nobelpreis blieb ihr verwehrt, sie erhielt auch keinerlei akademische Würdigungen. Immerhin: Jahrzehnte nach ihrem Tod wurden ihr zu Ehren ein Krater auf der erdabgewandten Seite des Mondes und ein Asteroid benannt.

---

48 Dieses und das vorherige Zitat Zitat bei Johnson, a. a. O., S. 89.
49 Whitlock/Evans, a. a. O., S. 156.

»'S wird was ganz Besonders aus Ihnen!«
Maria von Linden (1869–1936)

Professor Theodor Eimer war zum Scherzen aufgelegt. Den Blick auf die einzige Studentin im Hörsaal geheftet, fragte der bekannte Zoologe: »Nicht wahr Gräfle, der Mensch ist aus Dreck geschaffen?« Und die Angesprochene, Maria Gräfin von Linden, blieb die Antwort nicht lange schuldig: »Jawohl, Herr Professor, aber nur der Mann.« Die Schlagfertigkeit der jungen Studentin würde vermutlich noch heute manchem deutschen Professor die Zornesröte ins Gesicht treiben. Eimer jedoch, Professor für Zoologie und vergleichende Anatomie an der Universität Tübingen, Entdecker der sogenannten Eimer'schen Organe beim Maulwurf, eine Koryphäe seines Fachs, brach in schallendes Gelächter aus.

Die von Maria von Linden in ihrer Autobiografie, in denen sie ihre ersten Lebensjahre und die Studienzeit schildert, wiedergegebene Anekdote bezeugt das entspannte Verhältnis zwischen der jungen Tübinger Studentin und den Dozenten der renommierten schwäbischen Universität.[1] Dabei war ihre Anwesenheit dort alles andere als eine Selbstverständlichkeit. Sie musste vielmehr mit einer Mischung aus Fleiß, Hartnäckigkeit und guten Beziehungen erstritten werden. Denn von Linden war die erste Frau, die zum Studium in Tübingen und in Württemberg überhaupt zugelassen

---

1   Erinnerungen, S. 123.

wurde, und sollte auch in weiterer Hinsicht eine Vorreiterin auf dem Gebiet der akademischen Frauenbildung in Deutschland werden.

Maria Anna Wilhelmine Luise Karoline Elise Kamilla Olga Amalie Pauline Gräfin von Linden wurde am 18. Juli 1869 auf Schloss Burgberg in der Nähe von Heidenheim geboren. Die Familie hatte mütterlicherseits ihre Wurzeln in Württemberg und dem Elsass, väterlicherseits in den Niederlanden und Belgien. Seit dem 17. Jahrhundert fanden sich Angehörige der von Lindens auch am Niederrhein. Der Urgroßvater Maria von Lindens hatte sich schließlich in Württemberg angesiedelt.

Dort, am Rande der Schwäbischen Alb, verbrachte die junge Gräfin ihre Kindheitsjahre und entdeckte auf Streifzügen durch die heimischen Felder und Wälder bereits früh ihre Liebe zu den Naturwissenschaften, wobei ihre Mutter wohl eine nicht ganz unbedeutende Rolle spielte: »War das Wetter schön und war ich müde vom Herumrennen, so beschäftigte ich mich mit Vorliebe mit dem Suchen von Versteinerungen im Kies der Gartenwege. Mein Urgroßvater (…) hatte eine schöne Petrefaktensammlung, meine Mutter kannte daher die seltsamen Formen, die in dem Jurakies sehr häufig sind und machte mich darauf aufmerksam. Ich trug nun alles zusammen, was ich an Versteinerungen finden konnte, und schenkte sie meiner Mutter, die ihrerseits alles (…) sorgsam aufbewahrte. Als ich in späteren Jahren selbst eine Petrefaktensammlung anlegte, übergab mir meine Mutter eine Menge hübscher Sachen, die ich als kleines Kind im Kiese gefunden (…) hatte.«[2] Das Interesse der kleinen Gräfin beschränkte sich allerdings nicht auf Fossilien. »Meine größte Wonne war, mit ›Maman‹ in den Wald zu gehen, wo sie mir alle Pflanzen und Tiere zeigte und nennen musste … Am liebsten ging ich ganz allein mit ihr, denn mein Bruder interessierte sich nicht immer für die Dinge, die mich

---

2 Ebd., S. 30.

Maria von Linden

interessierten, und machte dann Bemerkungen, die mich zu Tränen ärgern konnten.«[3]

Wenig Neigung zeigte von Linden, die nach eigener Aussage von frühem Alter an »ein Bub sein« wollte und später immerhin noch auf ihre »Bubwerdung« hoffte[4], zu dem, was ihre Epoche als »typisch weibliche« Beschäftigungen ansah, weshalb sie sich auch mit ihrer Großmutter nur mäßig verstand. Ganz angehende Naturwissenschaftlerin, entwickelte sie den von der Großmutter geschenkten Puppen gegenüber nicht etwa mütterliche Instinkte, sondern unterzog sie gemeinsam mit ihrem Bruder »Sektionen«, um ihre anatomischen Kenntnisse zu erweitern – und war enttäuscht, statt echter Eingeweide nur auf Sägemehl zu stoßen.[5]

Den ersten Schulunterricht erhielt Maria von Linden auf dem elterlichen Schloss vom örtlichen Dorfschullehrer, der aufgrund

---

3   Ebd., S. 31.
4   Vgl. ebd., S. 32, S. 125.
5   Vgl. ebd., S. 32 f.

seiner hervorragenden naturwissenschaftlichen Kenntnisse im Stande und bereit war, auf die speziellen Interessen seiner jungen Schülerin einzugehen.[6] Als sie 13 war, war jedoch die Zeit gekommen, eine weiterführende Schule zu besuchen. Da diese Möglichkeit in ihrer Heimat nicht bestand, bedeutete dies die Entsendung in ein Internat. Die Wahl fiel auf das Victoria-Pensionat in Karlsruhe, das unter der Schirmherrschaft der Großherzogin von Baden stand.

Die Fürstin hatte ein besonderes Interesse an der Mädchenbildung und nahm wesentlichen Einfluss auf die Entwicklung der Schule. Das Pensionat genoss demgemäß einen hervorragenden Ruf, doch der Unterricht war der einer Schule für höhere Töchter und nicht auf die Erlangung des Abiturs oder gar die Vorbereitung auf ein Hochschulstudium ausgerichtet. Schon gar nicht auf ein Studium der Naturwissenschaften, das Frauen zu jener Zeit weitgehend unzugänglich war.

Maria von Linden ließ sich jedoch nicht beirren und nutzte das ihr gebotene Bildungsangebot bestmöglich. Ihre Noten waren gut, besonders in den Fächern Rechnen, Naturwissenschaften und Sport, die ihr leichtfielen, während sie sich in Sprachen wegen ihrer »unorthografischen Veranlagung« mehr anstrengen musste.[7] Im Übrigen wusste sie offenbar, sich ihre naturwissenschaftliche Begabung auch in den geisteswissenschaftlichen Fächern zunutze zu machen. Und selbst die Großherzogin Luise ließ sich von ihrem Talent und ihrem Humor einnehmen.

Als Schirmherrin des Victoria-Pensionats besuchte Luise von Preußen[8] gelegentlich Unterrichtsstunden der Schule. Ein solcher Besuch fiel auf einen Tag, an dem Maria von Linden einen Vortrag halten sollte. Die Themen dieser Referate durften die Schülerinnen selbst wählen und Maria von Linden hatte sich diesmal bei der Themenstellung

6   Vgl. ebd., S. 36 f.
7   Vgl. ebd., S. 49 f., S. 57.
8   Prinzessin Luise von Preußen, Großherzogin Luise von Baden, seit ihrer Heirat 20. September 1856.

wohl selbst übertroffen. Bereits der Titel ihres Vortrags ließ einiges
erwarten, gab aber zugleich Rätsel auf. Nachdem die Landesherrin
Platz genommen hatte, fragte der Lehrer, ob sie die Ausarbeitung von
Lindens zu hören wünschte, was die Fürstin bejahte. Und so kam sie
in den Genuss eines Referats mit dem Titel »Physikalische Bearbei-
tung der Strophen 1–7 des Uhland'schen Gedichtes ›Tells Tod‹«.

Es wurde still im Klassenraum und Maria von Linden begann zu
deklamieren: »An einem schönen Frühlingstage kehrte der Fixstern,
die Sonne, unsere Haupt-Licht- und Wärmequelle, ihre brennende
Atmosphäre der Schweiz zu. Die Lichtstrahlen fielen senkrecht auf
den nördlichen Abhang der Alpen und erwärmten denselben, sodass
der Schnee, der sich auf dem Gebirge befand, die ausstrahlende
Wärme band und, seinen Aggregatzustand verändernd, sich in Wasser, den Repräsentanten der flüssigen Körper, verwandelte. Infolge
der Adhäsion, der Anziehungskraft der Erde und des Herableitungs-
triebes floss der feste Körper, welcher ja der zweiten Hauptwirkung
der Wärme, dem Schmelzen, gefolgt war, im zweiten Aggregatzustand von der schiefen Ebene herunter und ergoss sich als reißender
Gebirgsstrom in den Schächen, einen Nebenfluss der Reuss.«[9]

In diesem Stil arbeitete sich von Linden durch die Strophen,
und es erscheint zweifelhaft, ob der Tübinger Dichter seine Ballade
in der Darstellung der Pensionatsschülerin wiedererkannt hätte.
Der Großherzogin jedenfalls gefiel, was sie zu hören bekam, und
sie erbat sich, zum großen Stolz Maria von Lindens, sogar eine
Abschrift des Vortrags.[10]

---

9 In Ludwig Uhlands Gedicht »Tell's Tod« heißt es zu Beginn:
   »Grün wird die Alpe werden, / stürzt die Lawin' einmal; /
   Zu Berge ziehn die Herden, / fuhr erst der Schnee zu Tal. /
   Euch stellt, ihr Alpensöhne / mit jedem neuen Jahr /
   Des Eises Bruch vom Föhne / der Kampf von Freiheit dar. //
   Da braust der wilde Schächen / hervor aus seiner Schlucht, /
   Und Fels und Tanne brechen / von seiner jähen Flucht. […]«
10 Ebd., S. 58 ff., 60.

Der Elan, mit dem von Linden sich insbesondere in den Physikunterricht stürzte, den sie durch vertiefende Studien in ihrer Freizeit sogar noch ergänzte, fiel auch der Vorsteherin des Pensionats, Anna Schneemann, und sogar deren Nichte auf, die bei einem Besuch in Tübingen meinte: »Maria von Linden muss einmal nach Zürich zum Studium auf das Polytechnikum gehen.«[11] Ein Gedanke, den von Linden begeistert aufgriff und weiterverfolgte, indem sie sich bei der Zürcher Hochschule nach den Aufnahmebedingungen erkundigte.

Dabei wurde ihr rasch bewusst, dass sie diese mit dem auf dem Pensionat vermittelten Wissen nicht würde erfüllen können. Sie begann daher, ihre Kenntnisse zunächst im Selbststudium zu erweitern, fand aber bald eine Förderin in Anna Schneemann, durch deren Vermittlung sie Privatstunden in Mathematik und Latein erhielt. Dabei baute sie auch ein persönliches Verhältnis zu den jeweiligen Lehrern und ihren Familien auf, das sich später noch als nützlich erweisen sollte.[12]

Im Sommer 1887 endete für Maria von Linden die Schulzeit, wobei ihr Religionslehrer sie mit den denkwürdigen Worten verabschiedete: »Gräfle, entweder sterbed Se bald oder 's wird was ganz Besonders aus Ihnen.«[13] Er sollte recht behalten. Glücklicherweise mit der zweiten Alternative seiner Prophezeiung.

Einstweilen kehrte Maria von Linden zurück nach Burgberg. Ihre Eltern hofften, dass sie dort bleiben und vielleicht sogar später einmal die Gutsverwaltung übernehmen würde. Diese Pläne hintertrieb sie jedoch ebenso wie die Bestrebungen, einen passenden Ehemann für sie zu finden. Ihr Fernziel einer naturwissenschaftlichen Promotion fest im Blick, stürzte sie sich stattdessen sofort wieder in ihre Studien, wobei sie die Unterstützung ihrer ehemaligen

11 Ebd., S. 64.
12 Vgl. zu v. Lindens extrakurrikularen Studien ebd., 64–74.
13 Ebd., S. 74.

Lehrer fand, die für sie ein Arbeitspensum aufstellten und ihre Arbeiten auf dem Korrespondenzweg korrigierten. Außerdem betrieb sie Naturstudien und erweiterte ihre Fossiliensammlung.[14]

Die Angelegenheit hatte freilich mehrere Haken: Eine Promotion erforderte ein Hochschulstudium, dieses wiederum das Abitur. Voraussetzungen, die zu jener Zeit für Frauen in Deutschland nahezu unerfüllbar waren. Denn während Frauen in der Schweiz bereits seit 1840, in den USA seit 1850 und in Frankreich und England seit den 1860er-Jahren studieren konnten, war dies im Deutschland des ausgehenden 19. Jahrhunderts nur ausnahmsweise möglich. Erst 1899/1900 führte Baden als erstes Land des Deutschen Reichs das reguläre Frauenstudium ein, gefolgt von Bayern im Jahr 1903 und Württemberg 1904. In Preußen rang man sich erst 1908/09 zu diesem Schritt durch.[15]

Das aber bedeutete, dass Maria von Linden um jede einzelne Etappe auf dem Weg zur Promotion kämpfen musste. Zu Hilfe kam ihr dabei ihr Großonkel, der Staatsmann Joseph von Linden. Ein Gegner der Revolution von 1848 und in seiner Politik nicht unbedingt fortschrittlich[16], nutzte »Onkel Bebi«, wie Maria von Linden ihn nannte[17], nun aber mit Verve und diplomatischem Geschick seinen Einfluss, um die damaligen Konventionen zu umschiffen und seiner Nichte den Weg auf die Universität zu bahnen[18].

Die Universität Tübingen erhob keine grundsätzlichen Einwände gegen die Aufnahme Maria von Lindens, verlangte aber

---

14 Vgl. ebd., S. 83 ff.
15 Vgl. Junginger, a. a. O., a. a. O., S. 13 ff.
16 Vgl. etwa Deutsche Biographie (URL: https://www.deutsche-biographie.de/ gnd117024627.html#ndbcontent)
17 Vgl. Erinnerungen, S. 87.
18 Die auf die Zulassung zum Studium bezogene, teils sehr aufschlussreiche Korrespondenz zwischen Maria von Linden und Freiherr von Linden findet sich auszugsweise im Anhang zu den Erinnerungen. Den langen Weg zu Studium und Promotion beschreibt von Linden ebd., S. 86 ff.

erwartungsgemäß die vorherige Reifeprüfung. Auch der württembergische Kultusminister war bereit, zuzustimmen, verwies aber wiederum auf die Notwendigkeit, das Einverständnis des Direktors der betreffenden Schule zu erlangen. Die Wahl fiel auf das Realgymnasium in Stuttgart. Doch musste die angehende Abiturientin noch einiges an Lehrstoff aufarbeiten, um mit Aussicht auf Erfolg den Antrag zu stellen, auf das Gymnasium aufgenommen zu werden. Maria von Linden verbrachte also weiterhin viel Zeit über ihren Büchern, unternahm aber auch erste Gehversuche im Bereich der praktischen Wissenschaft. Dabei kamen ihr die bereits in der Pensionatszeit geknüpften Kontakte in wissenschaftliche Kreise zugute.

Ihre Erkenntnisse über Indusienkalke – aus Röhren von Köcherfliegenlarven des Tertiärs gebildete Kalkbänke – in der Hürbe, einem Nebenflüsschen der Brenz, wurden im Bericht über die XXII. Versammlung des Oberrheinischen Geologenvereins wiedergegeben. Weitere Veröffentlichungen im *Biologischen Zentralblatt* und der *Landwirtschaftlichen Presse* folgten. Zudem entdeckte sie ihre Begeisterung für eine im heimischen Garten gefundene Spezies von Wollläusen.[19] Unterdessen führte sie der Kustos der zoologischen Abteilung des Naturalienkabinetts in Stuttgart auch in die Technik der Herstellung von mikroskopischen Dauerpräparaten ein.

Nach weiteren Interventionen des Großonkels willigte der Direktor des Stuttgarter Realgymnasiums endgültig in die Aufnahme von Lindens ein, was er in seiner Korrespondenz mit Joseph von Linden wie folgt kommentierte: »Eine Gräfin, eine Fräulein Maria

---

19 Vgl. Erinnerungen, S. 95 f. Aus heutiger Sicht amüsant ist im Hinblick auf die Wollläuse eine Anmerkung ihres Großonkels in einem Schreiben vom 14. April 1889: »… Und so liebenswürdige Wesen, schon dem Namen nach. Du entfesselst sogleich den orthographischen Streit: schreibt man das reizende Wort mit zwei oder drei l?«, ebd., S. 96 f.

von Linden, will die Abiturientenprüfung machen. Wahrhaftig ein selten dagewesener Entschluss! Nun aber vollends am Realgymnasium. Das ist noch nie dagewesen und wird voraussichtlich auch nicht so bald wiederkehren. Umso begieriger wäre ich, einen solchen Fang im Käfig des Realgymnasiums zu machen (...). Umso erfreuter bin ich nun, Excellenz, und wünsche Ihnen Glück, eine solche seltene Erscheinung in Ihrer hohen Familie zu haben.«[20]

Im Sommer 1891 schließlich legte Maria von Linden dann die Reifeprüfung in den Fächern Höhere Analysis, analytische Geometrie, Physik, Geologie und Mineralogie, Geschichte und Zeichnen ab[21]. Und die Leistung Maria von Lindens wurde sogar in der Presse vermerkt, »... denn die Tatsache, dass ein Mägdlein an einem schwäbischen Gymnasium zum Abitur zugelassen worden war und diese Feuerprobe bestanden hatte, war in der damaligen Zeit, wo solches ein Novum im ganzen Reich war, wohl etwas Druckerschwärze wert«.[22]

Die nächste Hürde war genommen, doch die übernächste wartete bereits. Denn: »Ich hatte nun wohl das Maturitätszeugnis, damit war aber keineswegs meine Zulassung zu den Vorlesungen verbunden, denn mit der geistigen Reife war noch nicht mein Geschlecht verändert worden. Diese Metamorphose, die ich mir schon in frühesten Kinderjahren gewünscht und auf die ich lange gewartet hatte, war zu meinem Leidwesen ausgeblieben, und mit dieser Tatsache und dem höchst unmännlichen Zopf der Akademiker musste gerechnet werden. Ich stellte mich also auf den Boden der Tatsachen und begab mich zu meinem Großonkel nach Neunthausen, um dort die Netze zu stricken, in die wir Fakultät und Senat einfangen mussten.«[23]

---

20 Vgl. ebd., S. 100 f.
21 Vgl. ebd., S. 105.
22 Ebd., S. 111.
23 Ebd. S. 113.

Außer von ihrem Großonkel erfuhr von Linden nun auch Unterstützung durch einige der ihr bekannten und befreundeten Wissenschaftler sowie durch die Frauenrechtlerin Mathilde Weber.[24] Die Entscheidung der Universität ließ freilich auf sich warten, denn während die mathematisch-naturwissenschaftliche Fakultät einer Zulassung positiv gegenüberstand und weder Rektor noch Kanzler sich dem entgegenstellten, war die Meinung im Senat der Universität geteilt[25]. Zudem musste die Finanzierung des Studiums gesichert werden, wobei sich im Laufe des Studiums unter anderem ein von Mathilde Weber vermitteltes Stipendium des allgemeinen Deutschen Frauenvereins als hilfreich erweisen sollte[26]. Von Linden nutzte die Wartezeit immerhin zu weiteren wissenschaftlichen Forschungen, insbesondere in den Bereichen Zoologie und Paläontologie.

Endlich, im Oktober 1892, traf das erlösende Telegramm auf Schloss Burgberg ein: Maria von Linden war zum Studium der Mathematik und Naturwissenschaften zugelassen. Und wurde damit, nach von Lindens eigener Ansicht, eine der drei im Tübingen des ausgehenden 19. Jahrhunderts anzutreffenden Sensationen (die beiden anderen waren ihr zufolge ein Gepäckträger und eine Droschke).[27]

Die Aufnahme durch die Professoren und deren Familien war freundlich, wenn auch nicht ganz frei von paternalistischer Herablassung. So stattete der Kanzler der Universität, der Theologe Carl Heinrich von Weizsäcker, der jungen Studentin einen persönlichen Besuch ab, den er mit der Ermahnung verband, gesellschaftliche

---

24 Mathilde Weber (1829–1901) engagierte sich nicht nur im Einzelfall Maria von Lindens, sondern war insgesamt eine Verfechterin des Frauenstudiums, dessen Einführung in ganz Deutschland sie allerdings nicht mehr erlebte.

25 Erinnerungen, S. 114.

26 Vgl. ebd., S. 129.

27 Ebd., S. 118.

Veranstaltungen zu meiden und um zehn Uhr zu Bett zu gehen. »Sie müssen uns Ehre machen!«[28]

Das Curriculum, das von Linden nun zu absolvieren hatte, war anspruchsvoll und umfasste neben Mathematik auch Chemie, Physik, Botanik und Zoologie. Zudem nahm sie eine Stelle im zoologischen Laboratorium Professor Eimers an. Die Studienzeit war nicht gänzlich unbeschwert, da von Linden unter gesundheitlichen und finanziellen Problemen litt und zudem ihr Vater in dieser Zeit schwer erkrankte und schließlich verstarb. Dennoch brachte sie ihr Studium zu einem guten Abschluss und erlangte auch die ersehnte Promotion. Ihre Dissertation aus dem Jahr 1895 trug den Titel »Die Entwicklung der Zeichnung und der Sculptur der Gehäuseschnecken des Meeres«.

Damit war von Linden in Deutschland die erste weibliche Trägerin des Titels *Doctor rerum naturalium.*[29] Was allerdings keineswegs einen kometenhaften Aufstieg in der Wissenschaftsszene nach sich zog. Stattdessen galt es nun, so von Linden selbst, »durch verdoppelten Fleiß zu zeigen, dass ich mir der Verantwortung bewusst war, die ich auf mich genommen, indem ich mich zu einem Studium entschloss, welches bisher Frauen nicht zugänglich war«.[30] So setzte die frischgebackene Doktorin zunächst ihre Studien an der Universität Tübingen fort und vertiefte insbesondere ihre Kenntnisse in Physiologie[31]. Es folgte eine Reihe von Assistenzstellen. Nach einem kurzen Intermezzo als Vertretung des Assistenten am Zoologischen Institut in Halle kehrte sie 1897 nach Tübingen zurück, wo sie bis zu dessen Tod im Jahr 1899 als Assistentin von Prof. Eimer arbeitete.

Der Tod des Tübinger Zoologen brachte für seine Schülerin eine Zäsur. Von Linden wechselte an das vom Zoologen Professor

---

28 Ebd., S. 120.
29 Vgl. Biologieseite, von Linden; laut Charité war sie die erste Frau an der Universität Tübingen, die diesen Titel erwarb.
30 Ebd., S. 142
31 Ebd., S. 140; George, a. a. O.

Hubert Ludwig geleitete Institut für Zoologie und vergleichende Anatomie der Universität Bonn. Ludwig, der als herausragender Experte auf dem Gebiet der Stacheltiere galt, war zudem Mitglied der Leopoldina und, anders als die meisten seiner Zeitgenossen, ein Befürworter des Frauenstudiums.[32] An seinem Institut konnte von Linden sich daher vergleichsweise gute Rahmenbedingungen für ihre wissenschaftliche Tätigkeit erhoffen.[33]

Mit dem Wechsel ins Rheinland verbunden war auch eine Erweiterung ihrer Forschungsschwerpunkte.[34] Einerseits blieb sie der Zoologie treu und erwarb sich auf diesem Gebiet eine gewisse Anerkennung – wenn auch nicht unbedingt in Deutschland. Im Jahr 1900 zeichnete sie die französische Akademie der Wissenschaften aus und verlieh ihr für ihre Arbeit »Die Farben der Schmetterlinge und ihre Ursachen« den Da-Gama-Machado-Preis. Zusätzlich forschte sie nun aber auch auf dem Gebiet der Humanmedizin. Von Linden, die selbst bereits in jungen Jahren mit Atemwegserkrankungen zu kämpfen hatte, die zeitweise sogar ihr Studium gefährdeten[35], wandte sich nun der Tuberkuloseforschung zu. Während ihre Versuche, der gefürchteten Krankheit mit einem auf Kupferbasis hergestellten Medikament beizukommen, erfolglos blieben, gelang es ihr, die keimtötende Wirkung des rötlich-goldenen Halbedelmetalls anderweitig zu nutzen: Sie entwickelte Kupferverbandsstoff und chirurgisches Nahtmaterial aus Kupfer, das Kupfer-Catgut, ließ beides patentieren und übertrug die Patente gegen eine Beteiligung am Verkaufserlös dem Heidenheimer Verbandsstoffunternehmen Paul Hartmann.[36]

---

32 Vgl. Biologie-Seite, Ludwig.
33 George, a. a. O.
34 Vgl. ebd.
35 Vgl. Erinnerungen, S. 130 f.
36 Vgl. Junginger, a. a. O., S. 17; George, a. a. O.

Da von Linden nun vornehmlich im Bereich der Humanmedizin forschte, war es folgerichtig, dass sie 1906 die Fakultät wechselte und eine Assistenz am Institut für Anatomie der medizinischen Fakultät der Bonner Universität annahm. Die Rolle der ewigen Assistentin dürfte sie indes kaum befriedigt haben. Zumal sie wegen ihrer fehlenden Lehrbefugnis keine eigenständigen Vorlesungen halten durfte. Ihr ebenfalls 1906 gestellter Antrag auf Habilitation wurde jedoch – nach zweijähriger Verzögerung – vom preußischen Kultusminister abschlägig beschieden.

Immerhin brachte das Jahr 1908 auch eine Anerkennung ihrer Leistungen, denn ihr wurde die Leitung der neu gegründeten Parasitologischen Abteilung des Hygienischen Instituts ihrer Universität übertragen. Zwei Jahre später verlieh ihr der preußische Kultusminister – auch ohne Habilitation – den Professorentitel. Damit war von Linden erneut Vorreiterin, da sie die erste Frau in Deutschland war, die diesen Titel führen durfte.[37] Der Wermutstropfen: Die *venia legendi,* die Lehrberechtigung, war mit der Titularprofessur ebenso wenig verbunden wie ein eigenständiger Lehrstuhl und auch ihre Bezahlung blieb deutlich geringer als die ihrer männlichen Kollegen und reichte nicht, um selbständig ihren Lebensunterhalt zu bestreiten.[38]

Dennoch blieb von Linden der Universität Bonn treu und lehnte 1914 das Angebot ab, an der Universität Rostock die Leitung der bakteriologischen Abteilung zu übernehmen, obgleich damit eine Habilitationsmöglichkeit verbunden war. Die 20er-Jahre brachten zwar eine Gehaltserhöhung und 1921 wurde von Linden als Laboratoriumsvorsteherin verbeamtet, 1928 aber zur planmäßigen Assistentin zurückgestuft und damit auch besoldungsmäßig wieder schlechter gestellt. Auch die von ihr angestrebte Aufwertung

37 George, a. a. O. Dagegen laut Charité, a. a. O., »eine der ersten Frauen Deutschlands«.
38 Vgl. George, a. a. O.

der Parasitologischen Abteilung zu einem eigenständigen Institut scheiterte. Dennoch äußerte sie sich in ihrer 1929 verfassten Autobiografie mit ihrer Lage zufrieden: »An Schatten hat es freilich nicht gefehlt auf meinem Werdegang, aber zum Schluss hat doch immer mein strahlender Tagesregent, die Sonne, gesiegt; und heute, wo ich Professor und wohlbestallter Leiter des parasitologischen Instituts in Bonn bin, denke ich oft und gern zurück an die Kämpfe und Freuden der ›Ersten Studentin von Tübingen‹.«[39]

Ob sie diese Bilanz auch noch einige Jahre später gezogen hätte, ist fraglich. Denn die Machtergreifung durch die Nationalsozialisten brachte eine deutliche Verschlechterung ihrer Lage. Von Linden stand den neuen Machthabern offen ablehnend gegenüber, was sie bereits 1923 nach dem Putschversuch Hitlers zum Ausdruck gebracht hatte. Sie bemühte sich zudem, der Familie des Physikers Heinrich Hertz, mit der sie befreundet war, die Emigration nach Norwegen zu ermöglichen. Seit Beginn ihrer Bonner Zeit hatte sie im Haus der Familie Hertz in der Bonner Quantiusstraße 13 gewohnt. Den Gründerzeitbau in der schmucken Bonner Weststadt hatte zuvor bereits ein anderer berühmter deutschen Physiker bewohnt: Der 1888 verstorbene Rudolf Clausius, der unter anderem als Entdecker des zweiten Hauptsatzes der Thermodynamik gilt, an der Universität Bonn lehrte und auch als Rektor der Hochschule fungierte. Bemerkenswerterweise weist heute eine Gedenkplakette an dem Haus sowohl auf Clausius als auch auf Hertz hin, während Maria von Linden keine Erwähnung findet.

Das von den Nationalsozialisten bereits am 7. April 1933 erlassene Gesetz zur Wiederherstellung des Berufsbeamtentums besiegelte dann ihr berufliches Schicksal in Deutschland. Unter Berufung auf dieses Gesetz, das dem Zweck diente, jüdische und nicht linientreue Beamte auszuschalten, wurde von Linden zum 1. Oktober 1933 vorzeitig pensioniert. Sie wanderte daraufhin nach Liechtenstein aus,

---

39 Erinnerungen, S. 142.

wo sie am 26. August 1936 in Schaan bei Vaduz an einer Lungen-
entzündung verstarb.

Insgesamt sind von von Linden 67 wissenschaftliche Veröffentlichungen in ihrem Hauptarbeitsgebiet Parasitologie und Bakterio-
logie und 38 Veröffentlichungen aus den Bereichen Zoologie und
Zoophysiologie erschienen.[40]

Trotz ihrer wissenschaftlichen Leistungen und einer gewissen
Anerkennung in Fachkreisen gelang es Maria von Linden in der
männlich dominierten Wissenschaft ihrer Zeit nie, die ihr gebührende Stellung einzunehmen. Und doch »hat die schwäbische Gräfin bewiesen, dass Wissenschaft eben doch Frauensache ist. Und
den Forscherinnen, die ihr allmählich folgten, hat sie die ›Laufbahn‹ geebnet.«[41] Damit im Einklang steht, dass die Universität
Bonn ihre erste Professorin immerhin posthum durch die Einrichtung eines Maria-von-Linden-Programms zur Unterstützung von
Nachwuchswissenschaftlerinnen geehrt hat.

---

40 Beitrag Maria, Gräfin von Linden auf: Ärztinnen im Kaiserreich, URL:
   https://geschichte.charite.de/aeik/biografie.php?ID=AEIK00557in
   (Online-Beitrag)
41 Junginger, a. a. O., S. 19.

Pudding und Algebra
Emmy Noether (1882–1935)

Unter den vielen Leserzuschriften, die in der Samstagsausgabe der *New York Times* am 4. Mai 1935 abgedruckt wurden, stach ein Name heraus, denn er war weltbekannt. Ungewöhnlich, dass der Absender, einer der berühmtesten Wissenschaftler aller Zeiten, überhaupt zu diesem Mittel griff. In seinem Leserbrief schrieb er davon, dass »reine Mathematik auf ihre Weise die Poesie logischer Ideen« sei, um dann eine Frau und Kollegin als »das bedeutendste schöpferische, mathematische Genie seit der Einführung der höheren Bildung für Frauen« zu loben.[1] Anders als Albert Einstein, der Verfasser des Leserbriefs, war die Frau, über die er schrieb, ihr Leben lang die mächtigste Mathematikerin geblieben, die fast niemand kannte.

Einsteins Nachruf auf Emmy Noether war die letzte Reverenz an eine Freundin und Wissenschaftlerin, mit der er einiges gemeinsam hatte: Genau wie Einstein musste Noether aus dem Deutschland der Nationalsozialisten fliehen, sich mühsam in den USA neu orientieren, und sie besaß eine genauso grenzenlose mathematische Begabung, die die Fachwelt erstaunte.

Amalie Emmy Noether (1882–1935) stammte aus einer Familie exzellenter Mathematiker. Noch sehr jung hatte sie für Albert Einsteins Relativitätstheorie 1918 die mathematische Formulierung

---

1 Leserbrief von Albert Einstein, in: New York Times vom 4. Mai 1935.

entwickelt. Ihr Vater lehrte als Professor an den Universitäten Heidelberg und Erlangen, auch ihr Bruder Fritz errang Ruhm im Feld der angewandten Mathematik. Die Familie gehörte zum liberalen Judentum, insofern war es selbstverständlich, auch der Tochter eine hervorragende Ausbildung zu ermöglichen. Emmy, wie sie ihr ganzes Leben nur genannt wurde, interessierte sich zunächst für Englisch, Französisch und das Klavierspiel und damit für Gebiete, die für ein Mädchen sozial akzeptiert waren. Schließlich wandte sie sich aber doch ganz der Mathematik zu. 1903 begann sie ihr Studium an der Universität Erlangen, nachdem die Universitäten in Bayern im selben Jahr erstmals Frauen zugelassen hatten. Offiziell durfte sie sich in Erlangen noch nicht einschreiben, legte in allen Kursen aber bereits die Prüfungen ab und wurde schließlich mit Bestnote promoviert – als zweite Frau überhaupt in Deutschland. Sie selbst kam zu einem selbstkritischeren Ergebnis ihrer wissenschaftlichen Tätigkeit und beschrieb ihre Doktorarbeit in einem Wort als »Mist«.[2]

Aber Noethers akademische Brillanz war nicht zu übersehen. Zwei der bedeutendsten Mathematiker der Neuzeit, die Professoren David Hilbert und Felix Klein, riefen sie nach Göttingen und setzten sich vehement für sie ein. Ihre Mentoren versuchten auch, ihr eine Lehrtätigkeit zu ermöglichen, wenn möglich, sogar bezahlt. Inzwischen hatte sich Noether einen Ruf als Forscherin im Bereich der Differenzialvarianten erworben, und Göttingen, das damals als das führende mathematische Zentrum der Welt galt, war wie geschaffen für sie. Hilbert, aber auch andere Professoren ermutigten die junge Wissenschaftlerin, einen Antrag auf Habilitation zu stellen, den Noether am 20. Juli 1915 dann auch einreichte. Dieser Schritt gefiel nicht jedem.

---

2 Ast, Christian: »Sind wir doch der Meinung, dass ein weiblicher Kopf nur ganz ausnahmsweise in der Mathematik schöpferisch tätig werden kann ...« – Aus dem Leben der Emmy Noether; Emmy-Noether-Lecture 2011, Vortrag am Max-Planck-Institut für Festkörperforschung Stuttgart, 21. Juli 2011.

Emmy Noether

Bis dahin hatte sich in ganz Deutschland noch keine Frau habilitiert. Innerhalb der mathematischen Fakultät kam es zu gereizten Diskussionen, viele Gelehrte sprachen Frauen grundsätzlich das Recht ab, sich auf Wissenschaftspositionen bewerben zu dürfen. Mehrere Gutachten wurden aufgrund Noethers Antrag erstellt. Der Göttinger Mathematiker Edmund Landau kam in seinem zu dem Schluss:

»Ich habe bisher, was produktive Leistungen betrifft, die schlechtesten Erfahrungen in Bezug auf die studierenden Damen gemacht und halte das weibliche Gehirn für ungeeignet zur mathematischen Produktion; Frl. N [oether] halte ich aber für eine der seltenen Ausnahmen.«[3]

---

3   Zitiert nach: Ast, Christian: »Sind wir doch der Meinung, dass ein weiblicher Kopf nur ganz ausnahmsweise in der Mathematik schöpferisch tätig werden kann ...« – Aus dem Leben der Emmy Noether; Emmy-Noether-Lecture 2011, Vortrag am Max-Planck-Institut für Festkörperforschung Stuttgart, 21. Juli 2011.

Sein Professorenkollege Hilbert wollte im Fall Noether hingegen gar nicht erst eine allgemeine Diskussion über Frauen aufkommen lassen und bezog sich in seinem Gutachten allein auf ihre wissenschaftlichen Leistungen. Er befürwortete schon seit Langem das Frauenstudium und scheute dabei keine Konflikte. Auch deshalb nannten ihn seine Kollegen und Studenten scherzhaft auch Professor David ›Frauenlob‹ Hilbert.

In der Sitzung, in der schließlich über das Habilitationsgesuch Noethers abgestimmt wurde, soll er auch den vielzitierten, aber nicht belegten Satz gesagt haben, er könne nicht einsehen, dass das Geschlecht eines Habilitationskandidaten eine Rolle spielen solle, schließlich befinde man sich an einer Universität und nicht in einer Badeanstalt.[4] Diese Bemerkung hatte einen Bezug zu einer der liebsten Beschäftigungen der Göttinger Mathematiker, die sich oft in einer Badeanstalt an der Leine trafen, die nur Männer zuließ. Nur für zwei Frauen gab es eine Ausnahme. Eine davon war Emmy Noether, die dort zur leidenschaftlichen Schwimmerin wurde.

Der Fall Noether sorgte immer mehr für Aufsehen. »Ihre Erzählung von Frl. Noethers Habilitationshindernissen hat uns sehr amüsiert. Gott, Gott, wie dumm die gescheiten Männer sind! Werden Sie's denn trotz des Widerstands der borniertne Gelehrten durchsetzen?«, schrieb Hedwig Pringsheim, Frauenrechtlerin, Ehefrau des Mathematikprofessors Alfred Pringsheim und spätere Schwiegermutter Thomas Manns, an David Hilbert.[5]

Emmy Noethers Gesuch scheiterte schließlich an den Bürokraten. Das Wissenschaftsministerium verbot, das Habilitationsverfahren einzuleiten, aber so schnell ließ Hilbert nicht locker, gab Emmy Noether eine Stelle als mehr oder weniger dauerhafte »Gastdozentin« und sorgte dafür, dass sie im Herbst 1915 ihre erste

---

4 Reid, Constance: Hilbert-Courant. New York 1986, S. 143.
5 Herbst, Christina (Hrsg.): Hedwig Pringsheim, Tagebücher, Band 5, 1911–1916. Göttingen 2016, S. 525 und 527.

Vorlesung halten konnte. Im Vorlesungsverzeichnis wurde die Veranstaltung zu fortgeschrittenen Themen der Algebra angekündigt unter: ›Invariantentheorie: Professor Hilbert mit Unterstützung von Frl. Dr. Noether, Montag 4–6 gratis.‹ Tatsächlich hielt Emmy Noether diese Lehrveranstaltungen allein ab.[6]

Ihre Leidenschaft für die mathematische Invarianz wuchs in Göttingen weiter. Dabei werden Zahlen untersucht, die auf verschiedene Weise manipuliert werden können, aber dennoch konstant bleiben. So können etwa im Verhältnis eines Sterns zu seinem Planeten Form und Radius der Planetenbahn wechseln. Aber die Massenanziehung, die beide verbindet, bleibt unveränderlich.

Als Albert Einstein 1915 seine allgemeine Relativitätstheorie veröffentlichte, war das Mathematische Institut in Göttingen in großer Aufregung. Emmy Noether begann umgehend, ihre Arbeit zur Invarianz an einigen Elementen der Theorie zu testen. Daraus entwickelte sich später ihre bedeutendste Erkenntnis, das sogenannte Noether-Theorem, das den Grundstein zu einer neuartigen Betrachtung von Erhaltungsgrößen lieferte. Diese Erhaltungsgrößen, wie zum Beispiel die elektrische Ladung, bleiben in einem physikalischen Prozess konstant, während sich andere Größen, wie die Position oder Geschwindigkeit eines Objekts, ändern können. Die Arbeit gilt als ein Meilenstein in der theoretischen Physik und entwickelte sich Jahrzehnte später zu einer der wichtigsten Grundlagen der Physik überhaupt. Von vielen wird Noethers Theorem als genauso wichtig wie Einsteins Relativitätstheorie angesehen.

1917 folgte noch ein weiterer Antrag zur Habilitation Noethers. Auch dieser wurde abgelehnt. Doch mit Gründung der Weimarer Republik 1918 erhielten Frauen nicht nur endlich das Wahlrecht, auch der Weg für Professorinnen wurde frei – wenn auch eher in der Theorie.

---

6   Rowe, David., E.; Koreuber, Mechthild: Proving it Her Way. Emmy Noether, a Life in Mathematics. Cham 2020, S. 19.

Es war Albert Einstein, der nun einen weiteren Vorstoß zur Habilitation für Emmy Noether forderte. In einem Brief an seine Göttinger Kollegen schrieb er: »Beim Empfang der neuen Arbeit von Frl. Noether empfand ich es wieder als große Ungerechtigkeit, dass man ihr die venia legendi [die Lehrbefugnis als Professorin, Anm. d. Verf.] vorenthält. Ich wäre sehr dafür, dass wir beim Ministerium einen energischen Schritt unternähmen.«[7]

Und dieser dritte Anlauf glückte, Emmy Noether konnte sich 1919 als erste Frau in Deutschland in Mathematik habilitieren. Zunächst erhielt sie aber nur den Status einer Privatdozentin und blieb unbezahlt. Erst 1922 wurde ihr der Titel »nicht beamteter außerordentlicher Professor« zugestanden, damit war sie die erste Frau in Deutschland, die eine (nichtbeamtete) Professur besetzte. Zwar war nun ihr Berufstitel länger, Geld gab es trotzdem keins.[8]

Wie Noether selbst über ihre andauernden Diskriminierungen dachte, behielt sie lange für sich. Erst nachdem sie 1930 die tschechische Mathematikerin Olga Taussky getroffen hatte, zu der sich eine lebenslange Freundschaft entwickelte, berichtete sie, wie glücklich sie darüber sei, dass Frauen nun endlich in der Wissenschaft akzeptiert seien. Auch sonst blieb sie häufig im Ungewissen, über ihr Privatleben hüllte sie sich stets in Schweigen. Sie war nie verheiratet, falls sie Beziehungen hatte, behielt sie das für sich. Für Besitz oder Mode interessierte sie sich nicht, es schien wenig zu geben außer der Mathematik.

---

7 Zitiert in: Tollmien, Cordula: »Sind wir doch der Meinung, dass ein weiblicher Kopf nur ganz ausnahmsweise in der Mathematik schöpferisch tätig sein kann ...« – eine Biografie der Mathematikerin Emmy Noether (1882–1935) und zugleich ein Beitrag zur Geschichte der Habilitation von Frauen an der Universität Göttingen. In: Göttinger Jahrbuch 38 (1990), S. 181.

8 Radbruch, Knut: Emmy Noether: Mathematikerin mit hellem Blick in dunkler Zeit. Emmy-Noether-Vorlesung 2008, Erlanger Universitätsreden. Nr. 71/2008, 3. Folge, S. 15.

In Emmy Noethers Vorlesungen war das Tempo ihres Gedankenflusses so hoch wie die Anforderungen an die Hörer.

Sie hatte den Hang, schnell zu reden, wild zu gestikulieren und von ihren Studenten viel zu verlangen. Ihre Vorträge waren oft nicht besonders gut strukturiert oder vorbereitet. Das war auch nicht möglich, denn Noether redete vor allem darüber, was ihr in diesem Augenblick im Kopf herumging. Häufig konnte sie gar nicht so schnell reden, wie sie dachte, und es kam vor, dass sie ganze Silben verschluckte. Sie war sich offenbar bewusst, dass sie für einige Hörer zu schnell war, und so versuchte sie, durch viele kleine Zwischensätze die Zusammenhänge deutlicher zu machen, was aber für noch mehr Verwirrung bei einigen Hörern sorgte.[9]

Die meisten Mathematikstudenten im Hörsaal waren fasziniert vom gewaltigen Wissen ihrer Lehrerin und ebenso loyal zu ihr, weshalb die treue Gruppe auch schon bald die ›Noether-Jungs‹ genannt wurden.[10] Und es kamen nicht nur Studenten zu Noethers Vorträgen, sondern oft auch andere Universitätslehrer. Seit Ende der 20er-Jahre zog es nicht nur Gäste von anderen deutschen Universitäten in ihre Vorlesungen, auch Mathematiker aus den USA, der Sowjetunion, aus Frankreich, den Niederlanden, Palästina, China und Japan nach Göttingen reisten dafür an.[11] Auch dieser enge Austausch mit Gelehrten aus aller Welt, die dann in ihren

---

9 Ast, Christian: »Sind wir doch der Meinung, dass ein weiblicher Kopf nur ganz ausnahmsweise in der Mathematik schöpferisch tätig werden kann …« – Aus dem Leben der Emmy Noether; Emmy-Noether-Lecture 2011, Vortrag am Max-Planck-Institut für Festkörperforschung Stuttgart, 21. Juli 2011.

10 Williams, Talithia: Power in Numbers. The Rebel Women of Mathematics. New York 2018, S. 69.

11 Tollmien, Cordula: »Sind wir doch der Meinung, dass ein weiblicher Kopf nur ganz ausnahmsweise in der Mathematik schöpferisch tätig sein kann …« – eine Biografie der Mathematikerin Emmy Noether (1882–1935) und zugleich ein Beitrag zur Geschichte der Habilitation von Frauen an der Universität Göttingen. In: Göttinger Jahrbuch 38 (1990), S. 191.

Heimatländern Noethers Erkenntnisse und ihren Ruhm verbreiteten und die abstrakte Algebra weiter entwickelten, sorgte dafür,
dass die Weitergabe dieses Wissens an neue Forschergenerationen
als sogenannte ›Noether-Schule‹ bezeichnet wurde.

Ihr Ruhm wuchs beständig, doch eine ordentliche Professur
erhielt sie nie, und die finanzielle Situation blieb prekär. Noether
lebte mehr schlecht als recht von einer Erbschaft. Erst im Sommer-
semester 1923 – 16 Jahre nach ihrer Promotion und im Alter von
41 Jahren – bekam sie ihren ersten bezahlten Lehrauftrag, der
allerdings jedes Semester erneuert werden musste. Dadurch, dass
sie – anders als andere Dozenten – keine oder nur wenige zusätzliche Einnahmen hatte, war dies immer noch ein sehr mageres
Gehalt.

In diesem Jahr griff in Deutschland bereits die Hyperinflation
als Folge des Ersten Weltkriegs um sich, und die rasende Geldent-
wertung traf Beamte und Staatsbedienstete mit am härtesten. Die
Menschen rechneten bald nicht mehr in Geldscheinen, sondern in
Bündeln. Banknoten wurden in Schubkarren transportiert, und in
Berlin kostete Ende 1923 ein Kilo Kartoffeln 90 Milliarden Mark und
ein Ei 320 Milliarden Mark. Über Nacht waren alle Rücklagen zerron-
nen, und die Inflation geriet zum deutschen Trauma. Emmy Noether
geschah, was Millionen anderen auch geschah, und ihre kleine Erbschaft löste sich auf. Sie gab immer weniger auf sich acht, trug meist
die immer gleiche Kleidung und ernährte sich äußerst einseitig. Pudding wurde zeitweise zu ihrem Hauptnahrungsmittel, und das hatte
Folgen.

Immer mehr wurde sie zum Archetyp der leicht verschrobenen
Gelehrten, die nichts interessierte außer ihre Wissenschaft, und die
darüber allmählich auch ihr Äußeres und ihren Halt zu verlieren
drohte. Manchmal wurde an der Universität von Göttingen über ihr
leicht ungepflegtes Äußeres getuschelt. Wenn sie mit roten Wangen
im Hörsaal stand und vor lauter Leidenschaft in einen erneuten
Redefluss geriet, löste sich ihre Frisur und das Haar hing in wilden
Strähnen herab. All das kümmerte sie nie. Ihre größte Fürsorge galt

nicht ihr selbst, sondern ihren Studenten. Oft lud sie die Studenten zu sich nach Hause in ihre kleine Mansardenwohnung ein, wo sie höchste Mathematik erklärte und nebenher für die ›Noether-Jungs‹ auch gewaltige Schüsseln Pudding kochte.

1928 standen für sie neue Herausforderungen an, sie verließ Deutschland und übernahm für zwei Jahre eine Gastprofessur in Moskau, 1930 folgte kurzzeitig eine Position in Frankfurt am Main. Nach ihrer Rückkehr aus Moskau äußerte sie sich sehr positiv über die Situation, woraus ihr die Nationalsozialisten wenig später den Vorwurf machten, eine Kommunistin zu sein. Es war ein abwegiger Vorwurf – Noether war überzeugte Sozialdemokratin und bis 1924 SPD-Mitglied. Über alle parteilichen Bindungen hinweg bekannte sie sich in tiefer Überzeugung zum Pazifismus.

1932 erfuhr Emmy Noether den Höhepunkt ihrer wissenschaftlichen Anerkennung. Mit einem weiteren Preisträger erhielt sie für ihr Gesamtwerk den renommierten Ackermann-Teubner-Gedächtnis-Preis. Im September 1932 lieferte sie als einzige und erste Frau jemals auf dem Internationalen Mathematikerkongress in Zürich einen der Hauptvorträge.

Nur wenige Monate später, am 30. Januar 1933, verließ Adolf Hitler in Berlin morgens unter dem Jubel seiner Anhänger das Hotel Kaiserhof, stieg in einen Wagen und fuhr zur Reichskanzlei. Dort wurde er von Reichspräsident Paul von Hindenburg zum Reichskanzler ernannt. Die Folgen der Machtergreifung bekamen auch die Hochschulen und ihre Lehrerinnen und Lehrer bald zu spüren.

An der Universität Göttingen traf am 25. April 1933 ein Telegramm des Ministeriums für Wissenschaft, Kunst und Volksbildung ein, das die unmittelbare Beurlaubung von sechs Göttinger Hochschullehrern befahl. Drei von ihnen waren Mathematiker, und Emmy Noether gehörte dazu.

Seit Anfang April 1933 galt das ›Gesetz zur Wiederherstellung des Berufsbeamtentums‹, durch das aus politischen oder »rassischen« Gründen missliebige Beamte von ihren Stellen entfernt werden konnten. Es war das einzige Mal, dass Emmy Noether in Deutschland sofort und ohne jede Einschränkung ihren männlichen (beamteten) Kollegen gleichgestellt wurde. Obwohl sie als nichtbeamtete außerordentliche Professorin zu diesem Zeitpunkt von diesem Gesetz noch gar nicht hätte betroffen sein sollen.[12] Im September 1933 wurde ihr schließlich die Lehrbefugnis entzogen, und sie musste Deutschland schnell verlassen. Sie hatte den Plan, zurück nach Moskau zu gehen, doch die Zeit lief ab. Kollegen setzten sich für sie ein, damit sie in den USA in Princeton lehren konnte. Doch auch diese Idee zerschlug sich. Auch, weil »Princeton eine Männer-Universität ist, die nichts Weibliches zulässt«, wie Noether in einem Brief an einen Kollegen schrieb.[13]

Während im Herbst 1933 bei einer Feier in Leipzig 900 deutsche Hochschullehrer in ihrem ›Bekenntnis der Professoren an deutschen Universitäten und Hochschulen zu Adolf Hitler und dem nationalsozialistischen Staat‹ Treue gelobten, bildete sich in den USA das ›Nothilfe-Komitee zur Hilfe vertriebener deutscher Wissenschaftler‹ (später ausländischer Wissenschaftler). Über 300 von ihnen wurden auch mit Unterstützung der Rockefeller- und Carnegie-Stiftungen in die USA in Sicherheit gebracht, und Emmy Noether war eine von ihnen.

Sie erhielt eine Einladung des Frauen-College von Bryn Mawr in Pennsylvania, einer Hochschule, von der sie noch nie gehört hatte. Noether zögerte und hatte eigentlich angestrebt, lieber nach Oxford

12 Tollmien, Cordula: »Sind wir doch der Meinung, dass ein weiblicher Kopf nur ganz ausnahmsweise in der Mathematik schöpferisch tätig sein kann …« – eine Biografie der Mathematikerin Emmy Noether (1882–1935) und zugleich ein Beitrag zur Geschichte der Habilitation von Frauen an der Universität Göttingen. In: Göttinger Jahrbuch 38 (1990), S. 204.
13 Über ihre Zeit in den USA berichtet Emmy Noether ausführlich in 79 Briefen an ihren Kollegen Helmut Hasse. Siehe: Lemmermeyer, Franz; Roquette, Peter (Hrsg.): Helmut Hasse und Emmy Noether. Die Korrespondenz 1925–1935, Göttingen: 2006.

zu gehen. Doch immer stärker drängte die Zeit, und schließlich nahm Noether das Angebot aus den USA an.[14]

In ihrer Rede zur Semestereröffnung am 3. Oktober 1933 kündigte die Universitätspräsidentin von Bryn Mawr die neue Gastprofessorin aus Göttingen als »bedeutendste Mathematikerin Europas« an. Gleichzeitig wurde darauf hingewiesen, dass Noether noch nicht genügend Englisch spreche, um Seminare abzuhalten, allerdings stünde sie den fortgeschrittenen Studentinnen beratend zur Seite.[15] Als Gastprofessorin in Bryn Mawr und nun im Exil, bekam Emmy Noether zum ersten Mal ein Gehalt. Die Summe von 4000 Dollar pro Jahr (heute etwa 75 000 Dollar) erschien ihr so groß, dass sie nur die Hälfte davon verbrauchte. Neben ihrer Arbeit in Bryn Mawr fuhr Noether ab Februar 1934 auch einmal in der Woche nach Princeton. Dort unterrichtete sie allerdings nicht an der Universität, sondern an einem speziellen Forschungsinstitut, an dem auch Albert Einstein arbeitete.

Noch einmal reiste sie 1934 nach Deutschland. Vor allem, um ihren Bruder Fritz zu sehen, der in die Sowjetunion emigrieren und eine Mathematikprofessur in Sibirien annehmen wollte. Später wurde er im Zuge von Stalins Terror als ›deutscher Spion‹ festgenommen, zu 25 Jahren Gefängnis verurteilt und nur vier Jahre später hingerichtet.[16]

An der Universität von Göttingen war die Stimmung finster, fast niemand der alten Kollegen und Freunde war noch da – auch wenn nicht alle emigriert waren. Alles erschien ihr auf einmal fremd, die Abneigung ihr gegenüber war allgegenwärtig. Von einigen der noch

---

14 Tent, M.B.W.: Emmy Noether – The Mother of Modern Algebra. Boca Raton 2008, S. 145.

15 Shen, Qinna: A Refugee Scholar from Nazi Germany – Emmy Noether and Bryn Mawr College, Research Paper, German Faculty Research and Scholarship. In: The Mathematical Intelligencer, Volume 41, Nr. 3, 2019, S. 52–65.

16 Williams, Talithia: Power in Numbers – The Rebel Women of Mathematics. New York: 2018, S. 73.

anwesenden Professoren in Göttingen wurde sie bewusst ignoriert, und als sie die Bibliothek benutzen wollte, brauchte sie dafür eine Genehmigung, die ihr als nun »auswärtiger Wissenschaftlerin« immerhin erteilt wurde.[17] Eine Rückkehr in die Heimat erschien ihr unmöglich, sie löste ihre Wohnung auf und verschiffte die übrigen Möbel in die USA.

In Bryn Mawr war ihre Gastprofessur mittlerweile um ein Jahr verlängert worden, eine feste Stelle war weiter nicht in Sicht. Immerhin gab es große Anstrengungen, das zu ändern. Alles begann wieder von Neuem: Es wurden Gutachten angefordert, es ging um ihre wissenschaftliche Bedeutung, um ihre Fähigkeiten als Hochschullehrerin, und wieder waren sich alle Gutachter einig. In einem Bericht über Noether hieß es: »Sie ist die außergewöhnlichste geflohene deutsche Mathematikerin, die an diese Küsten gebracht worden ist, und wenn nichts für sie getan wird, wäre das ein echter Skandal.«[18] Doch eine feste Anstellung, ein sicheres Gehalt oder der ihr eigentlich zustehende akademische Rang blieben Emmy Noether in ihrer gesamten Wissenschaftskarriere versagt, während einige ihrer früheren Göttinger Schüler bereits Lehrstühle besetzt hatten.

Dann schlug das Schicksal zu. Am 10. April 1935 wurde Emmy Noether ins Krankenhaus eingeliefert. Sie musste sich einer Gebärmutteroperation unterziehen. Zunächst verlief alles gut, aber nach drei Tagen kam es zu Komplikationen, und am 14. April 1935 starb

---

17   Tollmien, Cordula: »Sind wir doch der Meinung, dass ein weiblicher
      Kopf nur ganz ausnahmsweise in der Mathematik schöpferisch tätig sein
      kann ...« – eine Biografie der Mathematikerin Emmy Noether (1882–1935)
      und zugleich ein Beitrag zur Geschichte der Habilitation von Frauen an
      der Universität Göttingen. In: Göttinger Jahrbuch 38 (1990), S. 216.
18   Tollmien, Cordula: »Sind wir doch der Meinung, dass ein weiblicher Kopf
      nur ganz ausnahmsweise in der Mathematik schöpferische tätig sein
      kann ...« – eine Biografie der Mathematikerin Emmy Noether (1882–1935)
      und zugleich ein Beitrag zur Geschichte der Habilitation von Frauen an
      der Universität Göttingen. In: Göttinger Jahrbuch 38 (1990), S. 216.

Emmy Noether im Alter von 53 Jahren. Durch die Welt der Mathematik zog ein Schock.

In seinem Leserbrief an die *New York Times* wies Albert Einstein darauf hin, wie sehr Emmy Noether von ihren Schülerinnen in Bryn Mawr begeistert gewesen sei.[19] Doch in Noethers kurzer Zeit in Bryn Mawr fiel vor allem auf, dass sie in den USA nie zu der Produktivität zurückfand, die sie in Göttingen so ausgezeichnet hatte. Ihre Freundin Olga Taussky, die wie Noether wegen ihres jüdischen Glaubens fliehen musste und mit ihr nach Bryn Mawr gekommen war, bezeugte rückblickend, wie sehr Noether an ihrem Leben im Exil zu tragen hatte. Auch 1935 habe Noether noch gehofft, im nächsten Sommer nach Göttingen zurückkehren zu können.[20]

Als Begründerin der modernen Algebra hat Emmy Noether in der Welt der Mathematik große Spuren hinterlassen. Aber auch aus einem anderen Grund ist ihr Name an vielen Universitäten allgegenwärtig. Seit 1997 eröffnet das Emmy Noether-Programm der Deutschen Forschungsgemeinschaft herausragenden Nachwuchswissenschaftler-/innen die Möglichkeit, sogenannte Emmy-Noether-Nachwuchsgruppen in eigener Verantwortung zu leiten und sich damit für eine Hochschulprofessur zu qualifizieren. Wenn möglich, ohne sich – wie ihre große Vorgängerin – drei Mal bewerben zu müssen.

---

19 Leserbrief von Albert Einstein in: New York Times vom 4. Mai 1935.
20 Taussky, Olga: My personal recollections of Emmy Noether. In: Brewer, James, W.; Smith, Martha, K. (Hrsg.): Emmy Noether, attribute to her life and work. New York 1981; S. 79–92, hier S. 86.

Hoffnung für Millionen
Alice Ball (1892–1916)

Die 18-jährige Alice Ball war unzufrieden mit sich: »Ich arbeite und arbeite, und doch scheint es, als hätte ich nichts geschafft«, ließ sich die High-School-Absolventin im Jahrbuch ihrer Schule 1910 zitieren.[1] Bereits fünf Jahre später allerdings hatte sie etwas geleistet, was Generationen vor ihr nicht gelungen war. Ihre Entdeckung gab unzähligen Lepraerkrankten neue Hoffnung. Sie selbst sollte dies allerdings nicht mehr miterleben. Und es dauerte etwa ein Dreivierteljahrhundert, bis ihre wissenschaftliche Leistung allgemein ihr zugeschrieben wurde.

Alice Augusta Ball wurde am 24. August 1892 in Seattle (Washington) geboren. Die Familie gehörte der afroamerikanischen Mittelklasse an, wenngleich auf Alice Balls Geburtsurkunde beide Eltern als »weiß« verzeichnet waren – möglicherweise aus dem Bemühen ihrer Eltern heraus, ihr eine diskriminierungsfreie Zukunft zu sichern.[2] Der Großvater väterlicherseits, James Presley Ball Sr., war Fotograf und gilt als einer der beiden erfolgreichsten

---

1 Zitat bei: Wong, a. a. O.
2 Wermager (2004), S. 162, S. 171 f. Dort auch der Hinweis, dass Fehlangaben dieser Art und aus diesem Grund im 19. Jahrhundert nicht ungewöhnlich waren.

Alice Augusta Ball

afroamerikanischen Daguerreotypisten.[3] Nach Zeiten als Wander-
fotograf und der Gründung mehrerer unterschiedlich erfolgreicher
Fotostudios, in denen er bis zu neun Angestellte beschäftigte, ließ
er sich schließlich in Seattle nieder. Die zahlreichen Ortswechsel
waren dabei zumindest teilweise durch die Tatsache bedingt, dass
er bedrängt wurde, weil er als unerwünschte Konkurrenz für weiße
Fotografen gesehen wurde.[4] Doch er war nicht nur Geschäfts-
mann und Künstler, sondern auch sozial eingestellt. Als die später berühmte Sängerin Ella Sheppard im Alter von 13 Jahren ihren

---

3 Die Daguerreotypie, die nach dem französischen Maler Louis Daguerre
   benannt war und bei der Bilder auf Metallplatten festgehalten wurden,
   ermöglichte erstmals eine kommerzielle Fotografie. Neben Ball machte
   sich vor allem auch noch der Afroamerikaner Augustus Washington auf
   diesem Gebiet einen Namen.
4 Vgl. Fitzhugh Brundage, a. a. O. S. 80. Einen Überblick über das Werk
   von J. P. Ball Sr. bietet Willis, a. a. O.

Vater verlor, wurde sie von Ball adoptiert.[5] Alices Vater, James Presley Ball Jr., war Anwalt, Journalist und ebenfalls Fotograf und fungierte unter anderem als Herausgeber der kurzlebigen Zeitung *The Colored Citizen*, die im Jahr 1894 zwei Monate lang in Helena (Montana) erschien. Ball Jr. engagierte sich beim Referendum von 1894, in dem über die Hauptstadt des Staates abgestimmt wurde, zugunsten der Stadt Helena und hinterließ so »eine bleibende Wirkung auf die Geschichte Montanas«.[6] Auch ihre Mutter war als Fotografin tätig.

Die Familie konnte ihrer Tochter eine gute Ausbildung finanzieren. Abgesehen von einem kurzen Zwischenspiel in Honolulu, wohin die Familie in der Hoffnung gezogen war, dass das wärmere Wetter sich positiv auf die Arthritis von James P. Ball Sr. auswirken würde, der jedoch nach einem Jahr verstarb, absolvierte Alice Ball die Schulbildung in ihrer Geburtsstadt Seattle. Trotz einer chronischen Asthmaerkrankung erzielte sie nicht nur ausgezeichnete Noten, sondern beteiligte sich auch an sonstigen Aktivitäten, wie etwa der Theatergruppe der Schule. Und ihr scharfer Verstand stach bereits damals heraus. Ein Mitschüler beschrieb sie noch Jahrzehnte später als »brillant, insbesondere in den Naturwissenschaften«.[7] Nach dem Schulabschluss an der Seattle High School schrieb sie sich an der University of Washington ein, wo sie 1912 einen Abschluss in pharmazeutischer Chemie erwarb, dem sie zwei Jahre später einen Bachelor in Pharmazie folgen ließ. Ebenfalls 1914 publizierte sie gemeinsam mit ihrem Pharmaziedozenten einen zehnseitigen Fachartikel (»Benzoylations in Ether Solution«) im prestigeträchtigen *Journal of the American Chemical Society*.[8] Auch heute noch wäre dies für eine Bachelor-Studentin keine alltägliche

---

5 Wermager (2004), S. 172.
6 Ebd.
7 Vgl. Wong, a. a. O. sowie Wermager (2004), S. 172. Zitat ebd.
8 Wermager/Heltzel, S. 16, S. 19.

Leistung. Zu Beginn des 20. Jahrhunderts jedoch war eine derartige Publikation, noch dazu für eine afroamerikanische Frau, erst recht bemerkenswert.[9] Doch Alice Ball hatte gerade erst begonnen, Geschichte zu schreiben.

Als hervorragende Studentin bekam sie für ihr Masterstudium Stipendienangebote von mehreren Universitäten. Eine Offerte der hochrenommierten University of California, Berkeley, schlug sie zugunsten des Angebots des College of Hawai'i (heute University of Hawai'i) aus. Sie kehrte zurück nach Honolulu und fand zunächst Unterkunft in einem Wohnheim des Christlichen Vereins Junger Frauen (Young Women's Christian Association, YWCA), bevor sie später in ein Frauenhotel übersiedelte.[10]

Balls Ansprüche an die studentische Wohnqualität mögen bescheiden gewesen sein, ihre akademischen Ansprüche an sich selbst waren dafür umso höher. Für ihre Masterarbeit beschäftigte sie sich mit den wirksamen Bestandteilen des Kava-Pfeffers *(Piper methysticum)*. Die auch als Kava-Kava oder Rauschpfeffer bezeichnete, mit dem schwarzen Pfeffer verwandte Pflanze war im Südpazifik als Medizinalpflanze und zur Herstellung zeremonieller Getränke weit verbreitet. Ausgangs des 20. Jahrhunderts kam sie auch im Westen als pflanzliches Psychopharmakon, insbesondere zur Linderung von Angst- und Spannungszuständen, zunächst in Mode, dann vorübergehend in Verruf.[11] Im Hinblick auf die Injizierbarkeit untersuchte Ball unter anderem die in der Pflanze enthaltenen Säuren und Harze sowie ihre Löslichkeit.[12]

Mit dem Erwerb ihres Mastergrades am 1. Juni 1915, nach nur einem Jahr, setzte sie einen weiteren, sogar doppelten, Meilenstein,

---

9   Vgl. Collins, a. a. O.
10 Mendheim, a. a. O.
11 Zu Zulassung, Verbot und erneuter Unbedenklichkeitserklärung von Kava in Deutschland vgl. Jenett-Siems, a. a. O. a. a. O.
12 Wermager/Helzel, a. a. O., S. 19.

denn sie war sowohl die erste Frau als auch die erste afroamerikanische Studierende in der Geschichte ihrer Universität, der dieser Titel zuerkannt wurde. Philip Williams, Chemieprofessor an der University of Hawai'i, unterstreicht die Bedeutung dieser Leistung: »Sie war zweifellos eine Vorreiterin und ein Vorbild. Eine afroamerikanische Frau in einem Chemielabor war nichts Alltägliches. Masterstudenten haben es noch heute schwer genug – ich kann mir nicht einmal vorstellen, wie es vor über einem Jahrhundert für sie gewesen sein muss.«[13] Deutlicher noch drücken es zwei Forscher aus, die sich intensiv mit Alice Ball auseinandergesetzt haben: »Angesichts der ungeheuren Hindernisse und der erdrückenden Rassendiskriminierung, der sich Alice – und alle Afroamerikaner – in dieser historischen Epoche ausgesetzt sahen, erscheinen ihre Leistungen noch herausragender.«[14]

Auch das Hawai'i College erkannte offenbar das Potenzial der jungen Forscherin und engagierte sie vom Fleck weg – wodurch sie 1915 auch noch zur ersten Afroamerikanerin mit Lehrauftrag an der Universität in Honolulu avancierte.[15]

Eine entscheidende Weiche in Richtung ihrer späteren, bahnbrechenden Arbeit hatte sie allerdings bereits mit ihrer Masterarbeit gestellt. Diese nämlich erregte die Aufmerksamkeit von Harry T. Hollmann, der als Arzt am Kalihi Hospital mit Leprakranken arbeitete. Von denen es auf Hawai'i relativ viele gab.

Die durch das *Mycobacterium leprae* ausgelöste Lepra, auch als Aussatz, Aussätzigkeit oder, nach dem Norweger Gerhart Armauer Hansen, der das Bakterium 1873 als Erster identifizierte, als Morbus Hansen bezeichnet, ist eine Infektionskrankheit, die mit massiven

---

13 Zur Rolle Balls als erste Masterabsolventin: Wermager (2004), S. 172; Wermager/Heltzel, a. a. O., S. 19. Aussage von Philip Williams zitiert nach Wong, a. a. O.

14 Wermager/Heltzel, a. a. O., S. 19.

15 Vgl. etwa Wermager (2004), S. 172; Wermager/Heltzel, a. a. O., S. 19; Wong, a. a. O.

Haut-, Schleimhaut-, Nerven- und Knochenveränderungen einhergeht. Seit Jahrtausenden eine Geißel der Menschheit, für die es keine Heilung und kaum Linderung gab, war die Krankheit zudem mit einem starken Stigma verbunden, und die Aussätzigen wurden vom Rest der Gesellschaft so weit wie möglich isoliert. Dies galt auch in den USA, wo sie im 19. Jahrhundert »effektiv ein Todesurteil bedeutete«.[16]

In Hawaii wurde die Krankheit erstmals 1835 dokumentiert. Sie war vermutlich von europäischen und asiatischen Migranten eingeschleppt worden und entwickelte sich rasch zu einer weiteren von zahlreichen, insbesondere durch Einwanderer ausgelösten Epidemien, wobei vor allem die eingeborenen Hawaiianer betroffen waren, denen jede Immunität gegen das zuvor unbekannte Bakterium fehlte.[17]

1866 richteten die Behörden auf der Hawaiianischen Insel Molokai die Leprakolonie Kalaupapa ein, die bis 1969 fortbestand und in die in dieser Zeit rund 8000 Erkrankte zwangsweise verbannt wurden. Der amerikanische Historiker John Tayman schreibt in seinem Buch über die Kolonie: »Mit der Einrichtung der Kolonie auf Molokai sollten die Behörden die längste und tödlichste und vielleicht auch verfehlteste Episode medizinischer Absonderung in der Geschichte Amerikas einleiten. 1865 unterschrieb der Hawaiianische König Lot Kamehama auf Betreiben seiner amerikanischen und europäischen Berater ein ›Gesetz zur Verhinderung der Ausbreitung der Lepra‹, das die Krankheit kriminalisierte. Im ersten Jahr wurden 142 Männer, Frauen und Kinder eingefangen. Das Gesetz blieb, in verschiedenen Fassungen, … bis 1969 in Kraft. Auf der Grundlage des Gesetzes wurden Menschen, die der Erkrankung verdächtig waren, gejagt, verhaftet, einer flüchtigen Untersuchung unterzogen und ins Exil geschickt. Bewaffnete

---

16 Pasternack, a. a. O.
17 Vgl. Wong, a. a. O.

Wachen zwangen sie in die Viehtransportställe von zwischen den Inseln verkehrenden Schiffen und fuhren mit ihnen 58 Seemeilen ostwärts von Honolulu, zur brutalen Nordküste Molokais. Dort setzte man sie auf einem unwirtlichen Stück Land von der ungefähren Größe und Form Lower Manhattans aus, das vom Fuß der höchsten Meeresklippen der Welt in den Pazifik hineinragte. Es war, mit den Worten Robert Louis Stevensons, ›ein von der Natur befestigtes Gefängnis‹. Drei Seiten der Halbinsel waren umgeben von zerklüftetem Lavagestein, sodass eine Anlandung unmöglich war, und die dritte bestand aus einer 1000 Fuß hohen Wand, die so glatt war, dass Wildziegen von ihr abstürzten. In der Anfangszeit der Kolonie gewährte die Regierung so gut wie keine medizinische Versorgung, nur das absolute Mindestmaß an Nahrung und primitiven Unterkünften. Die Patienten galten zivilrechtlich als tot, ihre Ehegatten konnten sich im Schnellverfahren scheiden lassen und ihre Testamente wurden vollstreckt, als ob sie sich bereits im Grab befänden. Bald waren Tausende im Exil und das Leben in diesem gesetzlosen Gefängnis begann, dem auf einem überfüllten Floß nach einem Schiffbruch zu ähneln, und es brachen epische Kämpfe um Lebensmittel, Decken und Frauen aus. Als sich die Nachricht von dem abgrundtiefen Elend verbreitete, versteckten sich die an Lepra Erkrankten vor den staatlichen Kopfgeldjägern oder widersetzten sich gewaltsam dem Exil, indem sie Ärzte, Sheriffs und Soldaten ermordeten, die sich dazu verschworen hatten, sie fortzuschicken. Einige bereits Verbannte versuchten zu entkommen, doch sie stürzten von den Klippen oder wurden ins Meer hinausgeschwemmt. ›Der Abgrund der Hölle‹, schrieb Jack London, als er die Kolonie besuchte, ›der verfluchteste Ort auf Erden.‹ Die Mortalitätsrate der Patienten in den ersten fünf Jahren des Exils lag bei schwindelerregenden 46 Prozent.«[18] Besuche von Verwandten waren erlaubt, doch wurden sie separat untergebracht

---

18 Tayman, a. a. O., S. 1 f.

und blieben durch einen Drahtzaun von ihren erkrankten Angehörigen getrennt. Die in der Kolonie geborenen Kinder wurden von den Behörden zu Tausenden zwangsweise von ihren Eltern getrennt und zur Adoption freigegeben – wobei ihre Herkunft wegen des mit der Krankheit verbundenen Stigmas verschleiert wurde.[19] Dass an Lepra erkrankte weiße Hawaiianer nicht in die Kolonie verbannt wurden, sondern ärztliche Behandlung auf dem Festland suchen durften, wirft ein noch grelleres Schlaglicht auf die Situation der Menschen in Kalaupapa und die Gesundheitspolitik der damaligen Behörden.[20]

Abhilfe war also dringend nötig, doch für »die Krankheit, die ein Verbrechen ist«, wie die Hawaiianer die Lepra nannten,[21] gab es keine wirksame Behandlung. In ihrer Hilflosigkeit hatten Ärzte es im Laufe der Jahrhunderte unter anderem mit chirurgischen Eingriffen, Diäten oder der Verabreichung diverser Substanzen wie Antimon, Kupfer und sogar Giftstoffen wie Quecksilber, Arsen und Strychnin versucht, die im Zweifelsfall mehr schadeten als nutzten.[22] Am ehesten noch kam Chaulmoogra-Öl in Betracht, das seit Jahrhunderten in China und Indien gegen die Krankheit eingesetzt und wohl Mitte des 19. Jahrhunderts von dem britischen Kolonialarzt Frederic John Mouat in die westliche Medizin eingeführt wurde. Die Ergebnisse waren jedoch nicht durchgehend überzeugend, was zum einen wohl an einer botanischen Verwechslung lag, die dazu führte, dass statt des Öls des echten Chaulmoogra-Baums (*Taraktogenos kurzii*) Öle zweier anderer Arten verwendet wurden, denen jedoch einige für die Behandlung erforderliche Substanzen fehlten.

---

19 Wong, a. a. O.
20 Vgl. Wong, a. a. O.
21 Tayman, a. a. O., S. 8.
22 Vgl. Wermager/Heltzel, a. a. O., S. 17.

1901 wurde dieser Irrtum zwar aufgeklärt. Doch auch das echte Chaulmoogra-Öl war in der Anwendung äußerst problematisch.[23] Äußerlich angewendet war es wenig wirksam. Injiziert brannte es nach Aussagen von Patienten wie Feuer, wobei das zähflüssige Öl sich sichtbar unter der Haut fortbewegte »wie eine Schlange unter einem Laken«.[24] Es klumpte wegen der geringen Wasserlöslichkeit und verursachte schmerzhafte Abszesse, die aussahen, »als sei die Haut des Patienten durch Blasenfolie ersetzt worden«.[25] Oral eingenommen wurde es schlecht vertragen, da das Öl einen extrem bitteren Geschmack hat und starke Übelkeit und Erbrechen auslöste. Diese Nebenwirkungen waren so unerträglich, dass ein Patient einem Arzt des U. S. Public Health Service gegenüber äußerte: »Herr Doktor, lieber habe ich Lepra, als dass ich noch eine weitere Dosis einnehme.«[26] So konnte es nicht weitergehen!

Einer, der nicht bereit war, sich mit der Unlösbarkeit dieses Problems abzufinden, war Dr. Harry T. Hollmann, der am Kalihi Hospital in Honolulu beschäftigt war, in das neue Lepra-Patienten eingewiesen wurden. Und Hollmann sah in Alice Ball, auf die er durch ihre Masterarbeit aufmerksam geworden war, eine kompetente potenzielle Mitstreiterin auf dem Weg zu einer wirksameren Lepratherapie, wie er in einem Fachartikel aus dem Jahr 1922 darlegte: »Ich weckte das Interesse von Fräulein Alice Ball, M. S., einer Chemiedozentin am College of Hawaii, an der chemischen Fragestellung, wie ich an die wirksamen Substanzen im Chaulmoogra-Öl gelangen konnte.«[27]

---

23 Vgl. etwa Wermager/Heltzel, a. a. O., S. 17; ausführlich zur Anwendung des Chaulmoogra-Öls als Lepra-Heilmittel: Parascandola, a. a. O., S. 48 ff.

24 Wermager/Heltzel, a. a. O., S. 18.

25 Inglis-Arkell, a. a. O.

26 Zu den Wirkungen und Nebenwirkungen des Öls siehe etwa Parascandola, a. a. O., S. 50 ff. Zitat ebd., S. 51.

27 Hollmann, a. a. O. S. 95.

Ziel war es, den arzneilich wirksamen Bestandteil des Chaulmoogra-Öls injizierbar zu machen. Bisher waren alle entsprechenden Versuche an der Wasserunlöslichkeit des Öls gescheitert. Die Ursache dafür lag darin, dass die gegen Lepra wirksamen Bestandteile des Öls, Chaulmoograsäure und Hydnocarpinsäure, in ihrem Reinzustand bei Zimmertemperatur Feststoffe und aufgrund ihrer relativ langen Kohlenwasserstoffketten wasserunlöslich waren.[28]

Der engagierte Arzt hatte sich in Alice Ball nicht getäuscht. Die junge Wissenschaftlerin widmete sich der Aufgabe mit Feuereifer. Und das neben ihrer regulären Arbeit an der Universität und ohne Bezahlung. Dabei kamen ihr vermutlich mehrere der Charaktereigenschaften zugute, die ihr von Studierenden und Fakultätsmitgliedern bescheinigt wurden, die sie als »hilfsbereit, fröhlich, geduldig und doch optimistisch« beschrieben.[29] 1916, nach weniger als einem Jahr, war sie am Ziel.[30]

Die von ihr gefundene Lösung bestand darin, die Chaulmoograsäure und Hydnocarpinsäure als Ethylester aus dem Öl zu gewinnen. Diese Ethylester waren weniger zähflüssig, wodurch die parenterale Anwendung durch Injektion ermöglicht wurde. Alice Ball hatte damit »geschafft, was viele Forscher, Chemiker und Pharmakologen, die teilweise in einigen der raffiniertesten und bestausgestatteten Laboren der Welt arbeiteten, nicht vermocht hatten. Mit 24 hatte Alice das erste Präparat einer wasserlöslichen, injizierbaren Form des Chaulmoogra-Öls entdeckt.«[31]

Und das Mittel zeigte Wirkung. Millionen Leprakranke konnten nun auf Heilung oder zumindest Linderung ihres Leidens hoffen.

---

28 Wermager/Heltzel, a. a. O., S. 17.
29 Mendheim, a. a. O.
30 Wong, a. a. O.; vgl. Wermager/Heltzel, a. a. O., S. 19.
31 Wermager/Heltzel, a. a. O., S. 18; Ausführlich zur Methode und zum chemischen Prozess siehe Hollmann, a. a. O., S. 95 f. Zu früheren Versuchen, die Krankheit mit Chaulmoogra-Injektionen zu behandeln, ausführlich Parascandola, a. a. O., S. 51 ff.

Hollmann berichtete 1922, dass seit der Einführung des Medikaments 84 Patienten, die zwischen drei Monaten und vier Jahren mit dem Präparat behandelt wurden, als bakteriologisch negativ eingestuft wurden, frei von Hautveränderungen waren und ins normale Leben zurückkehren durften.[32] Zwischen 1919 und 1923 mussten keine neuen Patienten in die Leprakolonie von Kalaupapa aufgenommen werden und noch 1936 berichtete eine philippinische Fachzeitschrift, dass auch dort mit Chaulmoogra-Injektionen behandelte Patienten aus der Leprakolonie entlassen werden konnten.[33] Chaulmoogra-Öl wurde bald rund um den Globus im Kampf gegen Lepra eingesetzt.

Dauerhafte Wunder wirkten die Injektionen freilich nicht. Möglicherweise entwickelte das *Mycobacterium leprae* eine Resistenz gegen das Mittel oder es war schlicht nicht in allen Fällen gleich wirksam. Jedenfalls gab es Rückfälle und auch Neuerkrankungen. Erst die Sulfonamide, eine Gruppe als Antibiotika verwendeter synthetischer chemischer Medikamente, machten die Lepra endgültig zu einer beherrschbaren Erkrankung. Bis zu deren Erfindung in den 1940er-Jahren aber blieben die Chaulmoogra-Injektionen das Mittel der Wahl. Nach Ansicht ihrer Biografen Wermager und Helzel hatte Balls Entdeckung zudem mittelbar auch Einfluss auf die Entwicklung der wirksamen neuen Antibiotika, da mit den Chaulmoogra-Injektionen der Beweis erbracht worden war, dass eine Heilung der Lepra nicht aussichtslos war, weshalb mehr Mittel für die entsprechende Forschung bereitgestellt wurden.[34]

Alice Ball selbst erlebte den Erfolg ihrer Forschung nicht mehr. Sie starb am 31. Dezember 1916 in ihrer Heimatstadt Seattle. Die genaue Todesursache ist bis heute unbekannt. Laut ihrem Totenschein starb sie an Tuberkulose. Ein 1925 im *Honolulu Advertiser*

---

32 Hollmann, a. a. O., S. 97 f. Dort auch Details zur Behandlung.
33 Wermager/Heltzel, a. a. O., S. 19.
34 Ebd.

erschienener Artikel deutet an, dass es Überarbeitung war, die Alice Ball erkranken ließ. Der Beitrag ist einerseits bemerkenswert, weil er Ball zwar als Erfinderin der Chaulmoogra-Behandlung würdigt, sie aber dennoch wiederholt als »Mädchen« bezeichnet. Zum anderen aber gibt er indirekt Hollmann die Schuld an ihrer vermeintlichen Erkrankung: »Dr. Hollmann … nutzte dieses Ethylester der Fettsäure mit so glücklichen Ergebnissen, dass er das Mädchen damit beschäftigt hielt, es zu produzieren, bis sie krank wurde.«[35] Doch der Totenschein wurde nachträglich verändert und Wermager weist darauf hin, dass sie auf dem bei ihrem Universitätsabschluss 1915 gemachten Foto »eine sehr gesunde und robuste junge Frau war, die nicht unter den zehrenden Symptomen der chronischen Schwindsucht zu leiden schien«.[36] Eine naheliegende Erklärung scheint daher ein 1917 erschienener Artikel einer Lokalzeitung zu liefern, demzufolge Ball sich bei einer ihrer Vorlesungen eine Chlorgasvergiftung zuzog.[37]

Jedenfalls aber hinderte ihr früher Tod sie daran, ihre Forschungsergebnisse zu publizieren. Das wiederum ermöglichte es einem anderen, selbst Anspruch auf die Urheberschaft für den medizinischen Durchbruch zu erheben oder dieser Darstellung zumindest nicht ernsthaft entgegenzutreten. Arthur L. Dean, Chemieprofessor und später Präsident ihrer Universität, setzte ihre Forschung nach Balls Tod fort und publizierte dann dazu, ohne auf die von ihr geleistete Arbeit Bezug zu nehmen. Dafür wurde sein Name nun mit der Methode verbunden und die Ethylester wurden als »Dean-Derivate« bezeichnet. Hollmann freilich schrieb 1922: »Nach einer Unmenge experimenteller Arbeit löste Fräulein Ball das

---

35 »Hawaiian Girl Heroine First Made Possible the Chalmoogra Leprosy Cure«. In: Honolulu Advertiser, 20. November 1925, zitiert nach Wermager (2004), S. 173.

36 Wermager (2004), S. 173.

37 Wermager/Heltzel, a. a. O., S. 19; ebenso: Mendheim, a. a. O.

Problem für mich, indem sie die Ethylester der im Chaulmoogra-Öl vorkommenden Fettsäuren für mich herstellte.« Die von Dean und seinem Kollegen vorgenommene Fortentwicklung der Methode hingegen sah er kritisch: »Ich kann nicht sehen, dass sie irgendeine wie auch immer geartete Verbesserung gegenüber der ursprünglich von Fräulein Ball ausgearbeiteten Technik bedeutet.« Im Gegenteil: Er hielt die ursprüngliche Methode für unkomplizierter und universell anwendbar und sprach daher von »Ball's Method«.[38] Auch andere Autoren wiesen von Zeit zu Zeit auf die Rolle Balls hin.[39]

Dennoch gerieten Alice Ball und ihre Erfindung für mehrere Jahrzehnte in Vergessenheit. Erst gegen Ende des vorigen Jahrhunderts begann sich das Blatt zu wenden. Grund dafür, dass Ball so lange übersehen wurde, war vermutlich eine mehrfache Diskriminierung. Neben dem Bestreben, »ein männerzentriertes Narrativ wissenschaftlicher Genialität zu präsentieren«, spielte auch Rassismus mit. Und das möglicherweise in zweifacher Form. Nicht allein von Seiten der männlichen, weißen Wissenschaftscommunity, sondern auch seitens der Hawaiianer. In Hawaii nämlich, wo der Anteil der Afroamerikaner gering war, wurde zu Lebzeiten Balls und in den ersten Jahren nach ihrem Tod davon ausgegangen, dass auch sie teilweise Hawaiianerin war. Als sich dies als Irrtum erwies, war die örtliche Presse möglicherweise von ihrem eigenen Irrtum peinlich berührt und schwieg Ball tot.[40]

---

38 Hollmann, a. a. O., S. 95, S. 97. Zur Aneignung durch Dean: Wermager (2004), S. 174, der allerdings auch darauf hinweist, dass Dean zumindest die Ansicht geäußert habe, ihm gebühre nicht mehr Anerkennung für die Entwicklung der Behandlungsmethode als seinen Mitarbeitern und Vorgängern. Wong, a. a. O.; vgl. auch Parascandola, a. a. O., S. 53; Collins, a. a. O.

39 So etwa im oben zitierten Beitrag des Honolulu Advertiser vom 20. November 1925. Vgl. auch Wermager (2004), S. 174.

40 So Wong, a. a. O. Dort auch Zitat zu »männerzentriertem Narrativ«. Zur Diskriminierung auch Kreifels, a. a. O.

Mittlerweise hat Ball immerhin auf verschiedene Weise späte und posthume Anerkennung erfahren, so etwa durch die Pflanzung eines ihr gewidmeten Chaulmoogra-Baums auf dem Universitäts-gelände, der Verleihung einer Ehrenmedaille ihrer Universität im Jahr 2007, der Stiftung von Stipendien in ihrem Namen durch Paul Wermager oder dadurch, dass der 28. Februar zum Alice Augusta Ball Day im Staat Hawaii bestimmt wurde. Zudem gibt es Bestre-bungen der Studierenden der Universität, das nach Arthur L. Dean benannte Gebäude (Dean Hall) in Alice Ball Hall umzubenennen.

Wie bei vielen früh verstorbenen Wissenschaftlern und Wis-senschaftlerinnen stellt sich auch bei Alice Ball die Frage, welche Höchstleistungen sie noch hätte erbringen können, hätte sie länger gelebt. Auch bei ihr wird dies nie zu beantworten sein. Doch bereits das, was die junge Frau, die meinte, trotz aller Arbeit auf der Stelle zu treten, in einem Alter erreichte, in dem die meisten angehenden Forschenden noch mitten im Studium stecken, macht sie zu einer Ausnahmeerscheinung. Und ihr Biograf Paul Wermager liegt zwei-fellos richtig mit seiner Feststellung: »Sie und ihre Arbeit können zur Bildung beitragen und Menschen dazu inspirieren, das schein-bar Unmögliche zu tun.«[41]

---

41 Zitiert nach Wong, a. a. O.

»Mein Werk wird mich überleben«
Janaki Ammal (1897–1984)

Langsam ließen die Detonationen nach. Auch die Erschütterungen und das Klirren der Scheiben legten sich. Die junge indische Forscherin schob sich seitwärts unter dem Bett hervor und setzte sich auf die Matratze. Sie hatte einen weiteren deutschen Bombenangriff überlebt. Morgen im Labor würde der Arbeitstag wieder mit dem Zusammenfegen der zertrümmerten Glasbehälter in den Regalen beginnen.[1]

Einen schlechteren Zeitpunkt, um wieder in England zu arbeiten, hätte sich Janaki Ammal kaum aussuchen können. Ausgerechnet 1940 nahm sie eine Tätigkeit als Assistentin für Zytologie an der John Innes Horticultural Institution in London[2] auf. Allerdings war sie dort auch nicht ganz freiwillig gelandet. Ammal war seit 1934 als Genetikerin am Institut für Zuckerrohrzucht im indischen Coimbatore beschäftigt gewesen und eigentlich nur zum 7. Internationalen Genetikerkongress in Edinburgh angereist. Die Tagung, an der 600 Genetikerinnen und Genetiker aus 55 Staaten teilnahmen, war für den 23. bis 30. August 1939 angesetzt. Doch der unmittelbar bevorstehende Zweite Weltkrieg überschattete auch dieses Ereignis.

---

1   Vgl. Doctor, a. a. O. Meet India's First Woman PhD in Botany – Pal, a. a. O.; Shaji, a. a. O.
2   Heute John Innes Centre mit Sitz in Norwich.

Bereits am 24. August packten die deutschen Delegierten wieder ihre Koffer. Rasch folgten auch die Teilnehmerinnen und Teilnehmer aus den Niederlanden, der Schweiz, Skandinavien und Ungarn.[3] Was ihnen gelang, war Ammal jedoch verwehrt: Der Krieg verhinderte ihre Rückkehr ins Heimatland. Sie saß in Großbritannien fest. Während der Kriegsjahre blieb sie an der Londoner Forschungseinrichtung, 1945 wechselte sie als Zytologin zur Royal Horticultural Society nach Wisley. Erst 1951 sollte sie nach Indien zurückkehren.

Edavalath Kakkat Janaki Ammal wurde am 4. November 1897 in Tellichery (heute Thalassery) im indischen Bundesstaat Kerala als zehntes von 13 Kindern aus der Ehe von Diwan Bahadur Edavalath Kakkat Krishnan und Deviamma Kuruvayi geboren. E. K. Krishnan, der der Tiyya-Kaste angehörte, hatte bereits sechs Kinder aus einer früheren Ehe. Ammals Mutter war die nichteheliche Tochter von John Child Hannington, einem hohen Angehörigen der britischen Kolonialverwaltung, und seiner indischen Geliebten Kunchi Kurumbi. Wenngleich die Tiyya-Kaste als niedere Kaste eingestuft wurde, gehörte die Familie Edavalath Kakkat Krishnans der Mittelklasse an und legte großen Wert auf Bildung.[4] Krishnan war zeitweilig Angestellter von Child Hannington und hatte nach dem Tod seiner ersten Frau dessen Tochter geheiratet.[5]

Die Verbindung in die oberen Zirkel der britischen Kolonialverwaltung scheint E. K. Krishnan allerdings nur begrenzt nützlich gewesen zu sein, da Child Hannington dem zu dieser Zeit üblichen sexuellen Doppelleben der britischen Kolonialherren frönte und den indischen Zweig seiner Familie wohl nur begrenzt unterstützte, wie ein Brief vom 27. März 1883 an seinen Schwiegersohn erkennen lässt.[6] Child Hannington schrieb:

---

3 Damodaran, S. 283–307, S. 291 f.
4 Vgl. Damodaran, a. a. O., S. 286; Kedharnath, a. a. O., S. 90–101, S. 90.
5 Damodaran, a. a. O., S. 286.
6 Vgl. Damodaran, a. a. O., S. 286 f.

Janaki Ammal

»*Sehr geehrter Herr,*
Es freut mich sehr, zu hören, dass Sie gute Aussichten auf Beför-
derung haben. Sie werden sie brauchen, wenn Ihre Familie in diesem
Tempo weiterwächst. Ich werde ihre Karriere weiterhin mit großem
Interesse verfolgen. ... Ich werde bald nach England heimkehren,
um mich um meine vier Söhne zu kümmern, werde aber nicht sehr
viel länger als ein Jahr fort sein. Es ist nicht unwahrscheinlich, dass
ich Sie auf dem Weg nach Bombay aufsuchen werde ... Richten Sie
Kunchi Kurumbi aus, dass es sinnlos ist, mir zu schreiben. Ich werde
nicht mit ihr korrespondieren.«[7]

E. K. Krishnan brachte es dennoch bis zum Unter-Richter. Zudem hatte er ein ausgeprägtes Interesse an Naturwissenschaften, verfügte über eine stattliche Bibliothek, hielt sich durch die Lektüre literarischer und wissenschaftlicher Fachzeitschriften auf dem Stand der Zeit und korrespondierte mit anderen Gelehrten. Er

---

7 Zitiert nach Damodaran, a. a. O., S. 287.

selbst verfasste zwei Bücher über die Vögel der nördlichen Malabar-Region.[8]

Der Wille zu Bildung, sozialem Aufstieg und Erfolg setzte sich in der nächsten Generation fort. So zeichneten sich Ammals Brüder unter anderem als Cricket-Asse aus.[9] Zudem erhielten die Kinder eine gute Schulbildung westlicher Prägung. Die Annahme eines westlichen Lebensstils ermöglichte den Angehörigen der Tiyyas ein Ausbrechen aus den Beschränkungen des Kastensystems.[10] Wobei Ammal und ihre Geschwister sogar in mehrfacher Hinsicht benachteiligt waren. Nicht allein, dass sie einer niederen Kaste angehörten, sie wurden von den Briten als Inder, von den Indern aber aufgrund ihrer teilweise britischen Abstammung als »White Tiyyas« und damit als unrein diskriminiert. Dass die Mutter aus einer nichtehelichen Beziehung stammte, war ebenfalls nicht von Vorteil.[11] Zudem war es im Indien jener Zeit – wie anderswo auf der Welt auch – keineswegs selbstverständlich, dass Mädchen eine ordentliche Schulbildung zuteilwurde. Von einem Studium ganz zu schweigen. 1913 lag die Alphabetisierungsrate für Frauen in Indien bei einem Prozent und die Gesamtzahl der weiblichen Schülerinnen, die ihre Schulbildung über die zehnte Klasse hinaus fortsetzten, bei 1000.[12] In den Tiyya-Familien Keralas genossen Frauen indessen oft größere Freiheiten als in vielen anderen Teilen Indiens und in fortschrittlichen Familien wie derjenigen Ammals wurden ihre Bildung und ihre künstlerischen Neigungen gefördert.[13]

Der Weg hierzu führte für Janaki Ammal und ihre Schwestern über eine britische Missionarsschule: Die Sacred Heart Girl's High School in Tellichery. Während ihre Schwestern jedoch anschließend

---

8 Doctor, a. a. O.
9 Doctor, a. a. O.
10 Damodaran, S. 287.
11 Ebd., S. 287 f.
12 Ebd., S. 288.
13 Subramanian, a. a. O., S. 6.

heirateten, entschied sich Janaki Ammal, eine wissenschaftliche Laufbahn einzuschlagen.[14] Und auch diese nahm ihren Anfang auf britischen Hochschulen, dem Queen Mary's College und dem Presidency College in Madras (heute Chennai), an denen sie gleichzeitig studierte.[15] 1921 beendete sie ihr Studium dort mit einem Bachelor-Abschluss in Botanik.

Langsam öffnete sich die Tür zu einer akademischen Karriere. Ammal begann eine Lehrtätigkeit am Women's Christian College in Madras, setzte aber zugleich ihr Studium fort und qualifizierte sich 1923 für ein Masterstudium an der Universität Madras.[16] Ihren Master of Science (MSc.) erwarb sie jedoch nicht dort, sondern in den USA.

Ermöglicht wurde dies durch ein Stipendium der Universität Michigan. Die nämlich vergab seit 1914 die sogenannten Barbour Scholarships for Oriental Women, die von Levi L. Barbour gestiftet wurden, einem Absolventen der University of Michigan und der Michigan Law School, der als Immobilienentwickler reüssiert und mehrfach als Mitglied des Verwaltungsrates seiner ehemaligen Alma Mater gedient hatte. Barbour hatte mit Interesse die Arbeit dreier an der University of Michigan ausgebildeter orientalischer Frauen verfolgt und daraufhin das Stipendienprogramm ins Leben gerufen, das es Frauen aus Asien und dem Mittleren Osten ermöglichen sollte, eine entsprechende Ausbildung zu erwerben, um so auch ihren Heimatländern dienen zu können.[17] Und so verschlug es die junge indische Naturwissenschaftlerin ins ferne, kalte Ann Arbor, Michigan, wo sie 1925 ihren MSc. erhielt.

1926 kehrte Ammal nach Madras zurück, um ihre Lehrtätigkeit am Women's Christian College wieder aufzunehmen. Doch ihre

---

14 Damodaran, a. a. O., S. 288.
15 Kedharnath, a. a. O., S. 90.
16 Ebd.
17 Siehe dazu: snaccooperative.org

amerikanische Spitzenuniversität hatte ihr noch mehr zu bieten. Als Empfängerin des ersten Barbour Fellowship setzte sie ihre Studien in Ann Arbor fort und erwarb dort 1931 den Titel Doktor der Naturwissenschaft (DSc.). Jahrzehnte später, im Jahr 1956, sollte ihr die Universität Michigan noch einen Ehrendoktortitel in Anerkennung ihres Beitrags zu Botanik und Zytogenetik verleihen und dabei unter anderem hervorheben: »Gesegnet mit der Fähigkeit zu akribischer und genauer Beobachtung, stellen Sie und ihr geduldiges Streben ein Vorbild für ernsthafte und engagierte Wissenschaftler dar.«[18]

Noch aber stand sie am Anfang ihrer Karriere. Der Doktortitel qualifizierte sie nun aber endgültig für eine wissenschaftliche Laufbahn und dieses Ziel verfolgte sie konsequent. Die junge, noch weitgehend unbekannte Wissenschaftlerin aus Indien bewarb sich an der John Innes Institution, einem renommierten Forschungszentrum in England. Mit Erfolg. Dort begegnete sie dem Genetiker Cyril Dean Darlington (1903–1981), der die Abteilung für Zytologie leitete – zu jener Zeit mit 15 Forscherinnen und Forschern weltweit die größte ihrer Art. Ammal arbeitete in England an Hybriden aus Sorgumhirse und Zuckerrohr. Bereits 1932 kehrte sie nach Indien zurück. Die Beziehung zu Darlington indes, zu dem sie wohl nicht nur ein rein platonisches Verhältnis unterhielt, sollte ein Leben lang halten und zu gemeinsamen wissenschaftliche Leistungen führen.[19]

Zurück in ihrem Heimatland wurde Ammal Professorin für Botanik am Maharajah's College of Science in Trivandrum (heute Thiruvananthapuram), wo sie bis 1934 lehrte.[20] Dann wechselte sie von der Lehre in die Forschung und nahm eine Tätigkeit an der

18 Vgl. Kedharnath, a. a. O., S. 90. Dort auch das Zitat.
19 Vgl. Damodaran, a. a. O., S. 289, S. 301.
20 Heute Teil des University College, Thiruvananthapuram (UCT). Laut Kurzbiografie Ammals in Thomas, a. a. O. Lt. S. 324 erhielt sie hingegen eine Professur an der Universität Madras.

Sugarcane Breeding Station (heute: Sugarcane Breeding Institute) in Coimbatore im äußersten Süden Indiens auf. Die 1912 gegründete Zuckerrohr-Zuchtstation sollte Zuckerrohrvarianten produzieren, die in Indien gedeihen und das Land vom Import der wichtigen Pflanze unabhängig machen sollten. Die süßeste Zuckerrohrvariante, *Saccharum officinarum,* stammte damals aus Papua-Neuguinea und musste von Indien aus Java und Ostasien eingeführt werden, da die einheimische Variante, *Saccharum spontaneum*, nicht mithalten konnte.[21]

Ammal leistete an der Forschungsstation Pionierarbeit. Die von ihr hervorgebrachten Art- und Gattungshybriden, für die sie die Zuckerrohrarten *Saccharum spontaneum* und *Saccharum officinarum* unter anderem mit Ravennagras, Mais und Bambus kreuzte, gelten als bahnbrechende Leistungen.[22] Sie verlieh – wie es ihre indische Biografin Nirmal James ausdrückte – den indischen Zuckerrohrvarianten erst die Süße und legte den Grundstein für eine Zuckerrohrindustrie mit einem Jahresertrag von 30 Millionen Tonnen.[23] 1935 wurde sie auf Betreiben des Nobelpreisträgers C. V. Raman Mitglied der neu eingerichteten Indischen Akademie der Wissenschaften.

Ihre herausragenden Ergebnisse bewahrten sie freilich nicht vor Diskriminierung – und das wiederum unter mehreren Gesichtspunkten. Einerseits nämlich war ihre Stellung als alleinstehende Frau problematisch, andererseits ihre Kastenzugehörigkeit. Die Zusammenarbeit mit ihren männlichen und oft höheren Kasten angehörenden Kollegen gestaltete sich demgemäß schwierig und der Leiter der Zuckerrohr-Zuchtstation, T. S. Venkatraman, blockierte ihre Arbeit und behinderte sie zeitweilig in dem Bemühen, ihre Forschungsergebnisse zu publizieren. Ob in seinem Fall

---

21 Vgl. Doctor, a. a. O.
22 Kedharnath, a. a. O., S. 92 f.; Subramanian, a. a. O., S. 6 f.
23 Vgl. Shaji, a. a. O.; Saini, a. a. O., S. 110 ff., S. 112.

patriarchalisches Denken oder Eifersucht dahintersteckten, ist unklar. Jedenfalls gingen die Diskriminierungen so weit, dass Ammal sich als »Aschenputtel der Zuckerrohrstation« fühlte.[24] Besonders schmerzlich dürfte für sie gewesen sein, dass derweil auch ihr Mentor Darlington sich bestenfalls halbherzig für sie einsetzte. Als sich der Direktor des größten britischen Agrarforschungsinstituts, der Rothhamsted Experimental Station (Heute: Rothhamsted Research), John Russell, bei Darlington nach den Qualifikationen Ammals erkundigte, antwortete er herablassend und mit feinster Kolonialherrenattitüde:

»Das Thema Janaki Ammal scheint mir Teil eines größeren Problems zu sein. Es gibt in Indien zahlreiche Zytologen, aber keinerlei zytologische Arbeiten von herausragendem Interesse. Der Grund dafür scheint mir darin zu liegen, dass Inder sich für Zytologie begeistern, weil sie denken, diese sei eine Frage der Technik und bedürfe keines sonstigen gedanklichen Aufwands ... Wenn ich daher sage, Janaki Ammal versteht sich besser auf ihre Arbeit als sonst irgendjemand, so will ich damit kein großes Kompliment zollen. Ich denke, sie leistet solide Arbeit und wird dies auch noch einige Zeit tun, einfach weil ein großer Teil ihrer elementaren Untersuchungen auf diesem Gebiet nötig ist und sie gar nicht anders kann, als dem Genetiker, der mit ihr arbeitet, von Nutzen zu sein.«[25]

Für Ammal war die Situation in Coimbatore so unbefriedigend, dass sie sich bereits mit dem Gedanken trug, die indische Forschungseinrichtung, an der ihrer Ansicht nach eine »pseudo-wissenschaftliche Atmosphäre« herrschte, zu verlassen.[26] Doch erst der Zweite Weltkrieg zwang sie dazu, dies tatsächlich zu tun. Sie kehrte zurück an die John Innes Institution. Und zu Darlington.

---

24 Damodaran, a. a. O., S. 290 f.; Doctor, a. a. O.; Shaji, a. a. O.; Kannan, a. a. O.
25 Zitiert nach Damodaran, a. a. O., S. 290 f.
26 Vgl. Damodaran, S. 290, S. 291 f.

Der nämlich war seit 1939 Direktor des Forschungsinstituts, an dem Ammal fortan Chromosomenstudien an diversen Nutzpflanzen betrieb. Sie erforschte die Ploidiegrade, also die Anzahl der Chromosomensätze in einem Zellkern, und die Chromosomenzahlen ihrer Studienobjekte. Die langjährige Arbeit schlug sich 1945 in dem gemeinsam mit Darlington verfassten »Chromosome Atlas of Cultivated Plants« (»Chromosomenatlas der Nutzpflanzen«) nieder. Der Atlas führte die diploide Chromosomenzahl von rund 10 000 Blütenpflanzen auf und wurde zu einem Standardwerk.[27]

1946 wechselte Ammal als Zytologin und erste bezahlte weibliche Mitarbeiterin an die Royal Horticultural Society in Wisley, in der Nähe Londons. Ihr Aufgabenbereich umfasste dort Studien zu den erbgutverändernden Wirkungen des Colchicins, eines toxischen Alkaloids, das seinen Namen der Tatsache verdankt, dass es in der Herbstzeitlose (Colchicum autumnale) vorkommt.[28] Sie arbeitete zudem an Magnolien und züchtete unter anderem eine Magnolienart, die bis heute in den Gärten der Anlage gedeiht und nach ihr benannt wurde: *Magnolia kobus Janaki Ammal*.

Unterdessen wuchs ihre fachliche Reputation und in der Zeit in England machte Ammal die Bekanntschaft vieler herausragender Forschender ihrer Zeit, mit denen sie zum Teil auch Freundschaft verband. Dies galt etwa für den Genetiker und Evolutionsbiologen J. B. S. Haldane, der als Schöpfer des Begriffs »Klonen« gilt.[29]

Und sie hatte in England auch ein Leben neben der Arbeit. Ihre Nichte Geeta Doctor berichtet von »entzückenden Picknicks« mit Themseblick, die Ammal, deren Haus in der Nähe der Kew Gardens lag, für ihre Gäste ausrichtete. Wobei sie die Kinder unter anderem dadurch unterhielt, dass sie aus den Büchern von Beatrix Potter

---

27 Vgl. Damodaran, a. a. O., S. 292; Kedhranath, a. a. O., a. a. O., S. 93 ff., mit einer Auflistung von Ammal erforschter Pflanzenarten.
28 Damodaran, a. a. O., S, 292 zum Forschungsbereich Ammals in Wisley.
29 Vgl. Doctor, a. a. O., Damodaran, a. a. O., S. 298.

vorlas. Zu ihren engsten Freunden dieser Zeit gehörten Richard und Hilda Seligman, die zu ihrem Bekanntenkreis wiederum Mahatma Gandhi und den äthiopischen Kaiser Haile Selassie I. zählten, den die Bildhauerin Hilda Seligman in einer Büste verewigte.[30]

1948 kehrte Ammal, möglicherweise auf Einladung des ersten indischen Premierministers Jawaharlal Nehru, zurück auf den Subkontinent.[31] Der Kontakt zu England und zu Darlington riss freilich nicht ab und Ammal hegte sogar nostalgische Gefühle für ihre langjährige Wahlheimat.[32] Doch als Darlington – inzwischen Professor in Oxford – gemeinsam mit Ammal eine Neuauflage des Chromosomenatlas herausbringen wollte, gab sie ihm einen Korb, was dem britischen Spitzenforscher ganz und gar nicht passte. Seiner Kritik begegnete Ammal mit der Bemerkung:

»Du hast recht, wenn du sagst, dass ich an der Erstellung der zweiten Auflage des Chromosomenatlas nicht mitwirken möchte. Meines Erachtens bräuchte es ein volles Jahr Arbeit, bevor ich für eine Neuauflage bereit wäre, aber du hast meine Überarbeitungen bereits bis Januar erbeten. So wie wir geografisch – und, wenn ich es so offen aussprechen darf: psychologisch – aufgestellt sind, wäre unsere Zusammenarbeit äußerst schwierig, und statt sie scheitern zu sehen, hielte ich es für besser, es gar nicht erst zu versuchen.«

---

30 Vgl. Doctor, a. a. O.
31 Damodaran, a. a. O., S. 293 nennt das Jahr 1948, während Kedharnath, a. a. O., S. 91, Pal, a. a. O. und wohl auch Subramanian, a. a. O., S. 7, davon ausgingen, dass sie bis 1951 in England lebte. Die nachstehend zitierten Auszüge aus Briefen Ammals an Darlington sowie das Zitat aus dem Vorwort zur zweiten Auflage des Chromosomenatlas deuten freilich darauf hin, dass sie zumindest im Jahr 1950 England bereits verlassen hatte. Zur Einladung Nehrus: Doctor, a. a. O.; Pal, a. a. O.; Pandy, a. a. O. sowie Shaji, a. a. O.; Kedharnath, a. a. O., S. 91 spricht lediglich von einer »Einladung der indischen Regierung«, während Damodaran anmerkt, Nehru habe im selben Flugzeug gesessen wie Ammal.
32 Damodaran, a. a. O., S. 293.

Die Neuauflage entstand schließlich in Zusammenarbeit mit A. P. Wylie in Manchester. Darlington würdigte indessen den Beitrag Ammals im Vorwort der Neuauflage mit dem Hinweis: »*Einige der bedeutendsten Entwicklungen sind der Arbeit von Dr. Janaki Ammal geschuldet, zunächst in den Gärten der Royal Horticultural Society in Wiley und in jüngster Zeit beim Indian Botanical Survey in Calcutta.*«[33]

Die junge indische Republik unternahm in dieser Zeit große Anstrengungen, der heimischen Wissenschaft zum Aufschwung zu verhelfen und richtete unter anderem diverse Nationallaboratorien ein. Ammal arbeitete fortan als Officer on Special Duty beim Botanical Survey of India, dessen Neuorganisation sie vorantrieb, und übernahm Mitte der 50er-Jahre den Posten der Direktorin des botanischen Zentrallabors des Botanical Survey in Lucknow.[34]

Die Neuorganisation des Botanical Survey durch Ammal trug maßgeblich zu dessen Stärkung bei und sorgte für einen Aufschwung der angewandten Botanik in Indien. Dennoch musste sie auch diese Umstrukturierung gegen erhebliche Widerstände durchsetzen und wurde immer wieder von männlichen Kollegen auf der Karriereleiter überholt. Entsprechend nahm ihre Unzufriedenheit zu. Zugleich empfand sie zunehmendes Unbehagen über die Umweltzerstörung, insbesondere die Zerstörung von Wäldern,

---

33 Beides zitiert nach Damodaran, a. a. O., S. 292.
34 Auch hier unterliegt die genaue Chronologie der Ereignisse unterschiedlichen Darstellungen. Laut Kedharnath, a. a. O., S. 91, bekleidete Ammal die Stelle als Officer on special duty von 1952 bis 1954 und übernahm 1954 den Posten der Generaldirektorin des Zentrallabors des Botanical Survey. Demgegenüber behauptet Damodaran, a. a. O., S. 293 f. fälschlich, das Zentrallabor sei erst 1955 eingerichtet (tatsächliches Datum laut Website des Laboratoriums: 13. April 1954) und der Posten der Generaldirektorin daraufhin Ammal übertragen worden, die aber erst in dieser Phase die Neuorganisation des Botanical Survey betrieb. Laut Doctor, a. a. O., wurde Ammal bereits unmittelbar nach ihrer Rückkehr nach Indien zur Generaldirektorin des Botanical Survey ernannt.

die mit der Entwicklungspolitik der indischen Regierung einherging. So schrieb sie 1950 an Darlington: »*Ich bin von Shilong aus 37 Meilen gereist, um das einzige Exemplar der Magnolia griffithi in jenem Teil Assams zu finden, und habe dann festgestellt, dass der Baum niedergebrannt worden war.*«[35]

Hier mag ihr wachsendes Interesse an Ethnobotanik seinen Anfang genommen haben. Auch auf diesem Gebiet leistete sie Pionierarbeit.[36] 1955 nahm sie an der von der Wenner-Gren Foundation veranstalteten Tagung »Man's Role in Changing the Face of the Earth« teil, nach Darstellung der Ausrichter »die erste großangelegte Bewertung dessen, was der Erde unter der Einwirkung des Menschen geschehen ist und geschieht«.[37] Die Liste der Teilnehmer und Teilnehmerinnen weist sie als eine von nur zwei Frauen auf der Konferenz aus. In ihrem Beitrag hob sie die Bedeutung der Ethnobotanik, die botanischen Kenntnisse indigener Bevölkerungsgruppen in Indien und die traditionell wichtige Rolle der Frau beim Anbau von Pflanzen hervor.[38] Sie sah die indigenen Pflanzenarten Indiens durch die Massenproduktion von Getreide in Gefahr und kritisierte die in der Ausrichtung weiterhin koloniale Praxis der botanischen Sammlungen und Forschung in Indien.[39] Bereits früh warnte sie vor den Gefahren, die die rasante menschliche Entwicklung für ein verletzliches Ökosystem bedeutete.[40]

Die nächste Station ihres Wissenschaftlerinnenlebens führte Ammal ans Regionale Forschungslabor des Indian Botanical Survey in Jammu, im nördlichen Bundesstaat Jammu und Kaschmir, wo sie nach ihrer Pensionierung von 1959 bis 1962 wiederum als Officer on Special Duty tätig war, anschließend bis 1964 als

---

35 Vgl. Damodaran, a. a. O., S. 294, S. 295. Zitat ebd., S. 294.
36 Vgl. Damodaran, a. a. O., S. 296.
37 So die Website der Wenner-Gren Foundation
38 Vgl. Ammal. In: Thomas, S. 324; S. 328 ff.
39 Vgl. Damodaran, a. a. O., S. 294; Pandy a. a. O.
40 Pandy a. a. O.

Vorsitzende der Abteilung Zytogenetik und Honorarprofessorin der Botanik an der Universität Jammu. Bis 1969 arbeitete sie als emeritierte Wissenschaftlerin im Regionallabor. 1970 wechselte sie kurzzeitig als Gastprofessorin ans Babha Atomic Research Center in Bombay (heute: Mumbai).[41]

Ammal blieb auch nach der Pensionierung und bis kurz vor ihren Tod tätig und machte sogar ihre Haustiere – auf nicht letale Art und Weise – zu Studienobjekten: Die geübte Wissenschaftlerin kümmerte sich um eine große Katzenfamilie und erforschte dabei die feinen Unterschiede der einzelnen Jungtiere.[42]

Und noch ein weiteres Tätigkeitsgebiet entdeckte die agile Pensionärin, die sich inzwischen wieder in Madras niedergelassen hatte, für sich: den Umweltschutz. »Janaki gehörte zu den Pionieren, die die Bedrohungen der fragilen Ökosysteme im Wettlauf um ›Entwicklung‹ vorhersah und davor warnte.«[43] 1976 beschloss die Elektrizitätsgesellschaft des Staates Kerala, im Silent Valley einen Damm zu errichten und einen Stausee zu schaffen, der 8,2 Quadratkilometer unberührten Regenwald überfluten würde. Ammal, die schon seit Längerem die Entwicklungspolitik Indiens und die damit verbundene Umweltzerstörung kritisiert hatte, erhob gemeinsam mit anderen angesehenen Persönlichkeiten aus indischen Wissenschaftskreisen ihre Stimme gegen dieses Projekt. Der Aufschrei der Empörung verhallte nicht ungehört, das Projekt wurde 1979 eingestellt und die mittlerweile 82-jährige Ammal nutzte die Gelegenheit zu weiteren Forschungsarbeiten, wie aus einem Brief vom 10. Dezember 1979 an Darlington hervorgeht:

---

41 Biografische Daten nach Kedharnath, a. a. O., S. 91; Damodaran, a. a. O., S. 294 f.

42 Lt. Kedharnath, a. a. O., S. 91, arbeitete sie bis zwei Wochen vor ihrem Tod. Shaji behauptet demgegenüber, Ammal sei bei der Arbeit im Labor verstorben. Zu den Katzen: Doctor, a. a. O.

43 Pandy, a. a. O.

»Es wird Dich freuen, zu hören, dass die Regierung von Kerala gezwungen wurde, die Zerstörung des Silent Valley aufzugeben. Als ältester Wald Indiens, wenn nicht gar der Welt, haben wir ein Projekt der indischen Regierung gestartet, eine genetische Untersuchung der Bäume vorzunehmen ... Wir werden einige der Pflanzen mitbringen und in unserem ethnobotanischen Garten – meinem ethnobotanischen Garten in Shoranur Kerala, das ein ähnliches Klima hat wie das Tal, weil es nur etwa 40 Meilen entfernt ist – züchten. Ich werde am 13. nach Jammu aufbrechen und im forstwissenschaftlichen Institut von Dehra Dun Samen der Pflanzenarten des Tals mitnehmen ..., sodass ich direkt loslegen kann.«[44]

Wie der Brief zeigt, blieben Ammal und Darlington einander, allen Unstimmigkeiten zum Trotz, bis ans Lebensende verbunden. In ihrem letzten Brief aus dem Juli 1980 fragte Ammal: »*Wann werde ich dich wiedersehen – werde ich das, bevor ich sterbe? – ich sehne mich danach, bei Dir zu sein.*« Dieser Wunsch aber sollte nicht in Erfüllung gehen. Darlington starb am 26. März 1981 in Oxford. Ammal arbeitete bis ins hohe Alter weiter und war bis zuletzt an der botanischen Feldstation der Universität Madras in Maduravoyal (nahe Madras) tätig. Sie verstarb am 7. Februar 1984 im Alter von 86 Jahren.[45] In ihren letzten Lebensjahren nahm freilich ihre Verärgerung über die mangelnde Anerkennung ihrer wissenschaftlichen Leistung zu. So merkte sie unter anderem an, dass sie es für angemessen gehalten hätte, zum Mitglied der Royal Society (Fellow of the Royal Society, FRS) ernannt zu werden.[46] Schließlich war die Aufnahme von Frauen in die altehrwürdige britische Akademie der Wissenschaften seit 1945 möglich. Doch die gebührende Anerkennung wurde ihr zu Lebzeiten nicht zuteil. Immerhin erhielt sie im Jahr 1977 den Padma Shri, einen der höchsten Orden Indiens. Und

---

44 Vgl. Damodaran, a. a. O., S 300. Zitat ebd.
45 Kedharnath, a. a. O., S. 91.
46 Damodaran, a. a. O., S. 299.

sie wurde posthum auf verschiedene Weise geehrt. So benannte das indische Ministerium für Umwelt und Forstwirtschaft den 1999 von ihm ausgelobten Preis für besondere Leistungen im Bereich der Taxonomie nach ihr und auch die Pflanzensammlung der indischen Gesellschaft für integrative Medizin in Jammu trägt ihren Namen. Das John Innes Centre in England, ihre alte Wirkungsstätte, bietet Janaki-Ammal-Stipendien für Post-Graduate-Studierende aus Entwicklungsländern an. Neben der in Wisley blühenden, auf ihre Arbeit zurückgehende Magnolienart tragen noch andere Pflanzen ihren Namen, darunter eine Rosenart, deren Gelb die Züchter an die Farbe der Saris erinnerte, die Ammal trug.[47] Und auch eine Tierart wurde ihr zu Ehren benannt: Eine in Kerala verbreitete Gecko-Art *(Dravidogecko janakiae)*.

Die Bedeutung Ammals ist heute unumstritten und so behielt sie letztlich recht mit ihrer Einschätzung: »Meine Arbeit wird mich überleben.«[48]

47 Kannan, a. a. O.
48 Zitiert nach Doctor, a. a. O.

Siamesische Zwillinge und Babyhaar
Hilde Mangold (1898–1924)

Was sie vorhatte, verlangte äußerste Präzision. Ein kleines Zucken in den Fingern und ihre Arbeit wäre, wie schon hunderte Male zuvor, umsonst gewesen. Mit einer hauchdünnen, selbstangefertigten Pipette aus Glas drang sie in das Gewebe ein. Als Hilfe diente ihr nur ein leistungsschwaches Mikroskop. Die Pipette war zuvor durch einen Mikrogasbrenner angespitzt worden, dessen Flammenleitrohr so dünn wie ein Blutgefäß war. Dann zerteilte sie die Embryonen der Molche. War das geschafft, stand der zweite Schritt an. Die Embryonen mussten unter dem Mikroskop gedreht werden. Dabei kam das zweite außergewöhnliche Werkzeug zum Einsatz, auf das sich Hilde Mangold in ihrer Forschung verlassen musste. Sie umschlang die Embryonen mit einem winzigen Lasso aus einem Babyhaar, es stammte vom Kopf des Kindes ihres Doktorvaters. Die Haarspitzen bildeten eine Schlaufe, waren in ein hauchdünnes Glasröhrchen gesteckt und dann mit einem Tropfen Wachs befestigt worden. Ihre Fingerfertigkeit hatte sie in den von ihr als Schülerin so verhassten Handarbeitsstunden erworben. Jetzt kamen sie ihr doch noch zugute.

Mangold trennte vorsichtig ein bestimmtes Stück vom Embryo des einen Molches ab und pflanzte es in den Embryo eines anderen ein. Dann wurden die vereinigten Embryonen zum Wachsen in den Teich zurückgebracht und das Warten begann. Zu oft schon war sie enttäuscht worden. Wenn sie von ihrer schützenden Membran

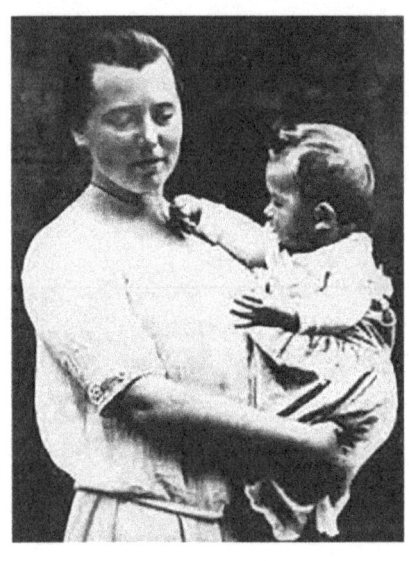

Hilde Mangold

getrennt worden waren und den Bakterien des Wassers ausgesetzt wurden, starben die meisten Embryonen. Aber Hilde Mangold besaß neben Fingergefühl offenbar noch etwas anderes: grenzenlose Geduld, wenn es darum ging, eines der größten Geheimnisse ihrer Zeit zu entschlüsseln: Wie entsteht aus einem Embryo ein Lebewesen?

Hilde Mangold (geb. Pröscholdt) wurde 1898 in Gotha geboren. Ihr Vater arbeitete als Kaufmann in einer Seifenfabrik, stieg schnell auf und heiratete die Tochter des Besitzers. Hildes Mutter war politisch aktiv und setzte sich vehement für die Rechte von Frauen ein. Die Familie folgte den Idealen des Bildungsbürgertums, war liberal und wohlhabend. Geld war eine unbedingte Voraussetzung für hervorragende Bildung, genau wie intellektuelle Fähigkeiten. Hilde Mangold stand beides zur Verfügung und so erhielt sie die bestmögliche Ausbildung. Nach ihrer Schulzeit mit Bestnoten schickten ihre Eltern sie zunächst an ein Privatinstitut, auf dem die Schülerinnen vor allem Grundlagen der Haushaltsführung und soziale Etikette lernen sollten. Lang hielt das die junge Frau nicht aus. Nur sechs Monate später wechselte sie im Winter 1918/1919 zunächst zum Studium der Chemie an die Universität ihrer Heimatstadt Gotha. Nebenher besuchte sie Vorlesungen in Kunstgeschichte und Philosophie, um sich ab 1919 in Frankfurt am Main in Zoologie einzuschreiben.[1] Dort hörte sie eine Vorlesung, die für ihre Wissenschaftskarriere entscheidend wurde.

Besonders ein Fachgebiet hatte es ihr angetan: die Embryologie, das Studium der frühesten Stadien des Lebens. In dieser Disziplin geht es darum, wie sich ein komplexer Organismus aus einer einzigen Zelle entwickeln kann. Ein Gastwissenschaftler aus Freiburg schlug sie in seinen Bann: Professor Hans Spemann galt in diesem neuen Feld als kommender Star, er referierte über experimentelle Embryologie. Sein Ziel war, den Entwicklungsverlauf von Embryonen zu verändern – indem der wachsende Organismus geteilt oder Zellen an eine andere Stelle verpflanzt wurden –, um dann die Veränderungen während der weiteren Entwicklung des Embryos zu beobachten. Spemann hatte bereits an Süßwasserpolypen und den Eiern von Seeigeln und Molchen geforscht und mit seiner Arbeit grundlegend zum Verständnis von Zellteilung, Vererbung und Entwicklung beigetragen.

Hilde Mangolds Begeisterung war endgültig geweckt, als Spemann erklärte, wie er die Geheimnisse der embryonalen Entwicklung zu entschlüsseln versuchte. Die junge Frau nahm allen Mut zusammen. Nach Ende der Vorlesung sprach sie ihn an und fragte ihn, ob sie in seinem Labor am Zoologischen Institut der Universität Freiburg anfangen könne. Es war ein gewagter Schritt für eine junge Wissenschaftlerin in der damaligen Zeit. Doch sie hatte Erfolg.

1920 traf Hilde Mangold in Freiburg ein. Auch dort waren die Unruhen der jungen Weimarer Republik und die Folgen des Ersten

---

1 Fässler, Peter, E.; Sander, Klaus: Hilde Mangold (1898–1924) and Spemann's organizer: Achievement and tragedy. In: Landmarks in Developmental Biology 1883–1924. Berlin, Heidelberg, 1997, S. 66–67.

Weltkriegs allgegenwärtig. Extremistische Studentengruppen lieferten sich an der Universität ausdauernde Zusammenstöße, die nationalistischen Burschenschaften sympathisierten meistens mit der extremen Rechten. Ihre Angriffe richteten sich gegen die junge demokratische Republik wie auch gegen ihre kommunistischen Gegenspieler der extremen Linken. Die liberalen Demokraten, mit denen auch Hilde sympathisierte, hatten erhebliche Schwierigkeiten, die Republik zu verteidigen.

Hilde Mangolds Wissensdrang in der Embryologie war kaum zu bändigen, übertrug sich aber auch auf andere Felder. »Sie besaß einen ausdauernden und reflektierenden Intellekt und einen sehr lebendigen Sinn für die Schönheit der Natur und Kunst«, erinnerte sich ihr Freund und Kommilitone Viktor Hamburger.[2] Im zweiten Stock des Zoologischen Instituts standen ihre Labortische nebeneinander. Wenn ihr Kurs für Zellbiologie neue Präparate brauchte, durchwanderten Mangold und Hamburger zusammen die Felder, um Heuschrecken für die Sektion zu sammeln oder neue Orchideenarten zu entdecken. Die junge Frau fühlte sich hingezogen zu den intellektuellen und künstlerischen Bewegungen, die in der Weimarer Republik florierten. »Wir beschäftigten uns mit der Poesie von Rainer Maria Rilke und Stefan George und der deutschen Kunst der Expressionisten. Die Wände unserer Zimmer waren mit den ›Blauen Pferden‹ von Franz Marc dekoriert. Wir spürten die Verwandtschaft zwischen Expressionismus und der mittelalterlichen Kunst, die uns in Freiburg umgab«, schrieb Hamburger.[3]

Im Institut traf Hilde Mangold nicht nur auf ein sie forderndes intellektuelles Umfeld, sondern auch auf Spemanns Laborassistenten Otto Mangold, den sie schon ein Jahr später, 1921, heiratete. Doch

---

2 Hamburger, Viktor: Hilde Mangold, Co-Discoverer of the Organizer. In: Journal of the History of Biology, Vol. 17, No. 1, Berlin, Heidelberg, 1984, S. 2 ff.

3 Hamburger, a. a. O., S. 6.

nach dem aufregenden Start am Institut setzte schnell Tristesse ein. Hans Spemann gab ihr für ihre Doktorarbeit ein langweiliges Projekt, das schnell für Enttäuschung sorgte. Während ihre männlichen Kollegen an Fragen arbeiteten, die an Spemanns grundlegende Arbeiten zur frühen Embryonenentwicklung anknüpften, ließ er sie ein fragwürdiges, altes Experiment wiederholen, das ihr anhaltendes Kopfzerbrechen bereitete. Sie sollte eine Reihe zweifelhafter Versuche wiederholen, die bereits vom Schweizer Naturforscher Abraham Trembley im 18. Jahrhundert durchgeführt worden waren. Dieser hatte mit winzigen Süßwasserpolypen experimentiert – kaum mehr als eine Röhre aus Zellen mit Tentakeln – und dabei angeblich festgestellt, dass sich das Äußere der armen Kreaturen durch Umdrehen in ein Inneres verwandelte und umgekehrt. »Es gab keinen Zweifel an Spemanns Vorurteilen gegenüber Frauen«, schrieb die Genetikerin Salome Gluecksohn-Waelsch später. Als sie bei Spemann 1928 im Labor anfing, gab er auch ihr eine »langweilige, beschreibende Studie, ... die die Grundlage für das aufregende experimentelle Problem eines jungen Mannes bildete«.[4]

Mangold machte sich daran, Trembleys Ergebnisse zu überprüfen. Niemals gab es einen Beweis. Schließlich versuchte es Spemann selbst und scheiterte ebenfalls. Die Doktorandin war endgültig frustriert und brauchte dringend ein neues Projekt. Spemann gab ihr eine neue und endlich spannendere Forschungsaufgabe, an deren Grundlagen er bereits seit 1903 in seinem Labor gearbeitet hatte.[5] In ihrer neuen Arbeit sollte sie Zellen aus der sogenannten Urmundlippe eines Molch-Embryos in einen anderen verpflanzen. Spemann wollte so seine Theorie beweisen, dass die Urmundlippe

---

4 Zitiert nach: Riley, Alex: How your Embryo Knew What to Do – The forgotten story of the woman who discovered how animals get their shape, Nautilus magazine, New York, 20. November 2015.
5 Gilbert, Scott, F.; Barresi, Michael, J.F.: Development Biology, Sinauer Associates: Sunderland, MA, 2016, S. 344 ff.

als »Organisationszentrum« fungiert und das Wachstum der frühen Lebensstadien steuert. Ihm war in seinen früheren Experimenten aufgefallen, dass die unscheinbare Struktur im frühen Molch-Embryo, der Urmund, besondere Eigenschaften zu haben schien. Er hatte vermutet, dass dieses Gewebe eine entscheidende Rolle bei der Bildung des Neuralrohrs spielte – der anatomischen Struktur, die sich im Embryo früh bildet und aus der später Nervensystem und Rückenmark entstehen. Hilde Mangold sollte nun überprüfen, ob der Urmund tatsächlich die »Bauanleitung« für die Tiere enthielt und sich übertragen ließ.

1921 startete Mangold ihre Reihe schwieriger Transplantationen und nutzte dafür Embryonen von zwei verschiedenen Molcharten, die eine weiß, die andere braun. Mit den von Spemann entwickelten Miniaturinstrumenten, der bis heute als »Vater der Mikrochirurgie« gilt, begann Mangold von vorne und transplantierte Gewebestücke vom oberen Rand des Urmunds der einen Molchart in die gegenüberliegende Seite der anderen Art.

In dem spezifischen Entwicklungsstadium, mit dem sie arbeitete, ist ein Molchei ein winziges Kügelchen von nur 1,5 mm Durchmesser. Für ihre Doktorarbeit entnahm sie eine winzige Gewebeprobe, die nicht einmal die Größe einer Nadelspitze hatte, und beimpfte den anderen Embryo. Und sie besaß das Glück des Neuanfangs. Bereits der erste Versuch war erfolgreich. Im Mai 1921 entdeckte sie genau das unter ihrem Mikroskop, worauf sie gehofft hatte: einen Embryo, der aus zwei Teilen im Bauchbereich zusammengewachsen war. So hatte sie eindeutig gezeigt, dass es im Embryo ein Zentrum gibt, das die Entwicklung von Organen und Gewebe steuert.

Hilde Mangold führte ihre Transplantationen so geschickt durch, dass die Embryonen nicht nur überlebten, sondern sich weiterentwickelten. Und das Ergebnis war spektakulär. Aus dem Stück des Urmunds, das sie von der Rückenseite des einen Embryos auf die Bauchseite des anderen verpflanzt hatte, entwickelte sich eine neue Körperachse, eine zweite Wirbelsäule mit allen Hilfsstrukturen. Auf diese Weise entstand ein zweiter Molch, der Bauch an Bauch mit dem ersten verwachsen war. Ein ziemlich monströser siamesischer Zwilling vielleicht, aber aus dem Experiment konnte eine wichtige Schlussfolgerung gezogen werden: Das kleine Stück des Urmunds hatte organisatorische Fähigkeiten. Es war in der Lage, die benachbarten Zellen, die bis dahin noch kein Ziel hatten, in den Aufbau einer zweiten Körperachse zu lenken. Spemann nannte diese Region deshalb »den Organisator« und seine Entdeckung des »Organisators« war der Startschuss, das Rätsel um die strukturelle Entwicklung des Embryos zu lösen.[6]

Mangolds Ergebnis zeigte, dass der »Organisator-Effekt« tatsächlich vorhanden war. Dieser einmalige Erfolg reichte jedoch nicht aus, um die Theorie des »Organisators« zweifelsfrei zu beweisen. Und leider bedeutete die Forschung an Amphibien vor der Erfindung moderner Labortechniken, dass sie immer bis zum Frühjahr warten musste, um die geeigneten Eier zu sammeln und alle Experimente so schnell wie möglich abzuschließen, bevor die Brutsaison zu Ende ging. Die Embryonen waren äußerst empfindlich, und die Versuche schlugen häufig fehl. Entweder gingen die Transplantate ein oder die Embryonen starben an einer Infektion, denn das Teichwasser war niemals frei von Bakterien. Über zwei Brutzeiten hinweg brauchte Mangold 259 Versuche, um gerade einmal sechs erfolgreiche Experimente durchzuführen, die den Hauptteil ihrer Dissertation bildeten.

Spemann schien mit ihrer Arbeit sehr zufrieden zu sein. Und die Ergebnisse weckten seine Begehrlichkeiten, als es daran ging, dass seine Doktorandin ihre Forschungsergebnisse veröffentlichen sollte. »Frau Mangold war nicht glücklich, dass Spemann seinen Namen ihrer Doktorarbeit hinzufügte. Aber nicht nur das. Spemann

---

6 Van Robays, Johan: Hilde Mangold-Pröscholdt – The Spemann-Mangold-Organizer. In: Facts, Views & Vision in ObGyn, Journal of the European Society for Gynaecological Endoscopy, Wetteren, 28. März 2016, S. 63–68.

bestand auch noch darauf, dass sein Name an erster Stelle stand!«, erinnerte sich Mangolds Forschungskollege Viktor Hamburger.[7]

Dann wurde die Doktorarbeit zur Benotung eingereicht. Weil Spemann ahnte, dass dies keine einfache Angelegenheit war und für die älteren Professoren in der Prüfungskommission ziemlich neu klingen würde, fügte er ihrer Arbeit ein Begleitschreiben bei. Darin fasste er die Experimente kurz zusammen und gab einige Kommentare zu den Ergebnissen ab.

Am Ende seines Briefes lobte er die Arbeit seiner Doktorandin: »Die großen technischen Schwierigkeiten, die sich bei den Transplantationen ergaben, wurden von Frau Hilde Mangold dank ihrer Geschicklichkeit und Ausdauer leicht überwunden.« Weil er auch ahnte, dass die Entdeckung des »Organisators« ein völlig neues Licht auf die Entstehung von Embryonen werfen würde, schloss er seinen Brief mit: »Die positiven Ergebnisse dieser Versuche sind von großer theoretischer Bedeutung.«[8] Als es darum ging, eine Abschlussnote für die Arbeit vorzuschlagen, zeigte er sich weniger begeistert und empfahl nur eine 1,5. Für eine Doktorarbeit, die mit ihren Erkenntnissen später zur Verleihung eines Nobelpreises führte, ein etwas zurückhaltendes Urteil.

Wiederholt wurde in der Folgezeit spekuliert, dass Spemann seinen Namen Mangolds Doktorarbeit nur deshalb hinzugefügt hatte, weil sie eine Frau war. Spemanns Entscheidung schien einigen unfair, und sie wiesen darauf hin, dass dies leider nicht ungewöhnlich für junge Frauen war, die in den Laboren älterer Männer arbeiteten. Andere, darunter auch Viktor Hamburger, vermuteten hingegen,

---

7 Hamburger, Viktor: Hilde Mangold, Co-Discoverer of the Organizer. In: Journal of the History of Biology, Vol. 17, No. 1, Berlin, Heidelberg, 1984, S. 11.

8 Sander, Klaus; Fässler, Peter, E.: Introducing the Spemann-Mangold Organizer: Experiments and Insights That Generated a Key Concept in Developmental Biology, International Journal of Developmental Biology, 2001, S. 9.

dass Spemann dies aufgrund Mangolds bahnbrechender Ergebnisse getan hatte und seinen Beitrag zur Doktorarbeit und der Entwicklung der zugrundeliegenden Techniken geltend machen wollte.

Viktor Hamburger schränkte ein, dass der Anspruch Spemanns, seinen Namen als Erstautor auf ihre Dissertation zu setzen und sie somit als seine eigene zu beanspruchen, gute Gründe hatte: »Spemann hatte vollkommen recht, als er den Vorrang für sich beanspruchte, während sie [Hilde Mangold, Anm. d. Verf.] sich der Bedeutung ihrer Ergebnisse offenbar nicht ganz bewusst war. Es war ihr nicht vergönnt, die großen Auswirkungen ihrer Arbeit auf die Entwicklung der experimentellen Embryologie zu erleben.«[9]

Nach Abgabe ihrer Dissertation zogen Hilde und ihr Mann Otto nach Berlin, wo Otto dank einer Empfehlung von Spemann zum Direktor der Abteilung für Experimentelle Embryologie am Kaiser-Wilhelm-Institut ernannt worden war. Otto war überglücklich, und Hilde auch. An ihre Schwester schrieb sie: »Ich freue mich wahnsinnig für Otto. Es ist wirklich eine schöne und unabhängige Position. Vielleicht ist Otto noch ein bisschen jung, und Spemann würde ihn lieber noch ein paar Jahre in der Nähe behalten, aber es ist eine so wunderbare Gelegenheit, dass wir keine andere Wahl haben.«[10]

Hilde wurde schwanger und kümmerte sich vorrangig um ihren neugeborenen Sohn Christian, der im Dezember 1923 zur Welt gekommen war. Ihre eigene Wissenschaftskarriere konnte Hilde Mangold nicht mehr aufnehmen, und auch das große Echo auf ihre Arbeit wurde ihr nicht mehr bewusst. Bevor die Dissertation über den embryonalen »Organisator« 1924 veröffentlicht wurde, hatte bereits das Schicksal zugeschlagen.

---

9   Hamburger, Viktor: Hilde Mangold, Co-Discoverer of the Organizer. In: Journal of the History of Biology, Vol. 17, No. 1, Berlin, Heidelberg, 1984, S. 11.

10 Van Robays, Johan: Hilde Mangold-Pröscholdt – The Spemann-Mangold-Organizer. In: Facts, Views & Vision in ObGyn, Journal of the European Society for Gynaecological Endoscopy, Wetteren, 28. März 2016, S. 63–68.

Während eines Besuchs bei ihren Schwiegereltern wollte Mangold einen Benzinkocher anzünden, um das Essen ihres Sohnes zu erwärmen. Beim Nachfüllen des Kochers verschüttete sie etwas Benzin, sofort stand alles in Flammen. Wie eine brennende Fackel rannte sie nach draußen, aber weder ihre Schwiegermutter noch Otto konnten sie retten. Am nächsten Morgen war Hilde Mangold tot. Sie war nicht einmal 26 Jahre alt geworden.

Nach Hildes Tod nahm Otto Mangold seine wissenschaftliche Laufbahn wieder auf. Er war weiterhin Spemanns Lieblingsschützling und übernahm 1937 von ihm die Leitung des Freiburger Instituts. Otto Mangold engagierte sich auch in der NSDAP und wurde schließlich zum hochpolitischen und gefügigen Rektor der Universität ernannt, half aktiv bei der Begründung und radikalen Umsetzung der NS-Rassenideologie und schrieb ein Buch mit dem Titel »Die Aufgaben der Biologie im Dritten Reich«. Am 27. Juli 1942 unterzeichnete er, zusammen mit anderen Universitätsprofessoren, einen Brief an die Reichskanzlei, in dem der Vorstand alle staatlichen Maßnahmen angesichts »der ungeheuren Schärfe des Kampfes des Judentums gegen das deutsche Volk« billigte.[11] Nach dem Krieg wurde er wegen seiner NS-Verbindungen von der Universität Freiburg entfernt und verbrachte den Rest seiner Karriere an einem privat finanzierten Forschungsinstitut.

Trotz ihres frühen Todes ist Hilde Mangolds Lebenswerk von bleibendem Wert. Ihre Forschungsergebnisse hatten eine neue Epoche in der Entwicklungsbiologie angestoßen.[12] Mit ihrer Doktorarbeit, die zum Zeitpunkt ihres Todes noch zur Veröffentlichung anstand, hatten sie und ihr Mentor Hans Spemann die Grundlagen

---

11 Klee, Ernst: Das Personenlexikon zum Dritten Reich. Wer war was vor und nach 1945, Frankfurt a. M., 2005, S. 389.
12 Sander, Klaus; Fässler, Peter, E.: Introducing the Spemann-Mangold Organizer: Experiments and Insights That Generated a Key Concept in Developmental Biology, International Journal of Developmental Biology, 2001, S. 1–11.

dessen gelegt, was später als »embryonale Induktion« bezeichnet wurde. Dieser Prozess beschreibt, wie eine bestimmte kleine Gruppe von Zellen in einem sich entwickelnden Embryo in der Lage ist, benachbarte Zellen so zu programmieren, dass sie sich zu genau definierten anatomischen Strukturen organisieren. Strukturen, aus denen schließlich ein erkennbares Lebewesen entsteht, mit Kopf, Nase, Ohren und Augen an der richtigen Stelle. Und einem Schwanz am Ende.

Spemann erhielt 1935 den Medizin-Nobelpreis für seine embryologischen Arbeiten, die zu einem großen Teil auf Mangolds Dissertationsprojekt beruhten. In seiner Dankesrede erwähnte er sie kurz. Einige Historiker sind der Meinung, dass ihre Arbeit nicht ausreichend gewürdigt wird. Andere sind davon überzeugt, dass er den Preis mit ihr geteilt hätte, wäre sie am Leben geblieben.

Nachdem er den Nobelpreis erhalten hatte, wurden die speziellen Zellen der Urmund-Lippe als »Spemann-Organisator« bekannt. Mangolds Vermächtnis und ihr Anteil an der Forschung blieben sechs Jahrzehnte lang mit ihr begraben. Dann, im Jahr 1984, veröffentlichte Viktor Hamburger, damals ein weltweit gefeierter Entwicklungsbiologe in seinen 80ern, ein Buch über seine Zeit in Spemanns Labor und seine Freundschaft mit Hilde Mangold. »Nur wenige ihrer Zeitgenossen sind noch am Leben«, schrieb er. »Als einer von ihnen, der sie gut kannte, habe ich das Gefühl, dass ich sie vor dem Vergessen bewahren sollte. Ihr Name ist aus der Literatur verschwunden, aber sie verdient mindestens eine Fußnote in den Annalen der experimentellen Embryologie.«[13]

So entspann sich eine Diskussion darüber, welchen Anteil Hilde Mangold an der Entdeckung des »Organisators« besaß. Mangolds Beitrag rückte wieder mehr in den Vordergrund, allerdings wurde

---

13 Hamburger, Viktor: Hilde Mangold, Co-Discoverer of the Organizer. In: Journal of the History of Biology, Vol. 17, No. 1, Berlin, Heidelberg, 1984, S. 2.

erst vor einigen Jahren aus dem »Spemann-Organisator« endgültig der »Spemann-Mangold-Organisator«.[14]

Spemann und Mangold hatten dafür gesorgt, dass der Code für die Entwicklungsprozesse des Embryos entschlüsselt werden konnte. Es dauerte jedoch noch mehrere Jahrzehnte, bis Wissenschaftler einen Einblick in den Mechanismus erhielten, der im »Organisator« aktiv war. Wie konnte ein so kleines Stück Gewebe die umliegenden Zellen programmieren? Und in welcher Form war diese Information verpackt? Erst mit der Entdeckung der DNA-Struktur wurde klar, dass diese Doppelhelix der Träger des genetischen Materials ist, das alle Prozesse des Lebens steuert, einschließlich des Bauplans eines Embryos. Bis heute ist der »Spemann-Mangold-Organisator« eine Goldgrube für Genetiker. Tag für Tag entdecken sie in ihm neue Gene und daraus abgeleitete Proteine, die, wenn sie zum richtigen Zeitpunkt an- und abgeschaltet werden, letztlich den unglaublich komplexen Bauplan eines Embryos realisieren.[15]

Hilde Mangold hat entscheidende Grundlagen für diese Signalforschung gelegt, und ihre Entdeckung blieb richtungsweisend für die biologische Forschung der folgenden Jahrzehnte. Ein halbes Jahrhundert lang haben Wissenschaftler versucht, die Signale zu verstehen. Erst etwa 70 Jahre, nachdem ihre Doktorarbeit veröffentlicht worden war, wurden die ersten Signalmoleküle gefunden. Sie sind die Brücke zwischen neuen Erkenntnissen der Molekularbiologie und den Ergebnissen von Mangolds Transplantationen und zeigen, dass Mangold und Spemann recht hatten,

---

14 Rössler, Michal; Bessert-Nettelbeck, Mathilde: Hilde Mangold – Wegbereiterin der Signalforschung, in Magazin des Centers für Integrative Biological Signalling Studies, Albert-Ludwigs-Universität Freiburg, 17. März 2022, URL: https://www.cibss.uni-freiburg.de/de/news/hilde-mangold-wegbereiterin-der-signalforschung

15 Van Robays, Johan: Hilde Mangold-Pröschold – The Spemann-Mangold-Organizer. In: Facts, Views & Vision in ObGyn, Journal of the European Society for Gynaecological Endoscopy, Wetteren, 28. März 2016, S. 63–68.

dass die Zellen des »Organisators« die umliegenden Zellen durch einen Wirkstoff beeinflussen können. Knapp 100 Jahre später ist klar, dass die Experimente von Hilde Mangold belegen, wie wichtig molekulare Signale für die Entwicklung lebender Organismen sind.

Elf Jahre bevor Spemann in Oslo den Nobelpreis erhielt, war Hilde Mangold auf dem Gothaer Friedhof beigesetzt worden. Eine bronzene Gedenktafel des mit ihr befreundeten Freiburger Künstlers Julius Bissier zeigt ihr Profil. Ein Nobelpreis wird nie an eine verstorbene Person verliehen, und dennoch hätte Hilde Mangold ihn verdient gehabt. Es wäre der erste (und bisher einzige) gewesen, der auf die Doktorarbeit einer Assistentin zurückgeht.

Die Ästhetik des Zerfalls
Chien-Shiung Wu (1912–1997)

Es war ein langer Tag gewesen. Stundenlang hatten die beiden Physiker aus dem Fachbereich Düsenantriebe der Abteilung für militärische Forschung an der renommierten Columbia University die junge Bewerberin mit Fragen zu den verschiedensten Bereichen der Physik bombardiert. Doch zu keinem Zeitpunkt hatten sie durchblicken lassen, worum es eigentlich bei der ausgeschriebenen Stelle ging: eine Mitwirkung am Manhattan Project. Das Forschungsprojekt der US-Regierung zur Entwicklung einer Atombombe unterlag strengster Geheimhaltung und solange nicht feststand, dass die Kandidatin eingestellt würde, hielten sich die Experten bedeckt. Nun aber waren sie sich einig, dass ihr die Stelle angeboten werden konnte.

»Nun, Fräulein Wu«, fragte einer der Prüfer, »haben Sie irgendeine Ahnung, was wir hier eigentlich machen?«

Chien-Shiung-Wu konnte sich ein Schmunzeln nicht verkneifen. »Es tut mir leid«, erwiderte sie, »aber wenn Sie gewollt hätten, dass ich nicht weiß, worum es geht, hätten Sie besser vorher die Tafel geputzt.«

Die Prüfer stutzten. Dann brachen sie in schallendes Gelächter aus. Und das Angebot folgte auf dem Fuße: »Wenn Sie schon wissen, worum es geht – können Sie morgen früh anfangen?«[1]

---

1   Vgl. etwa Chiang, a. a. O., S. 74.

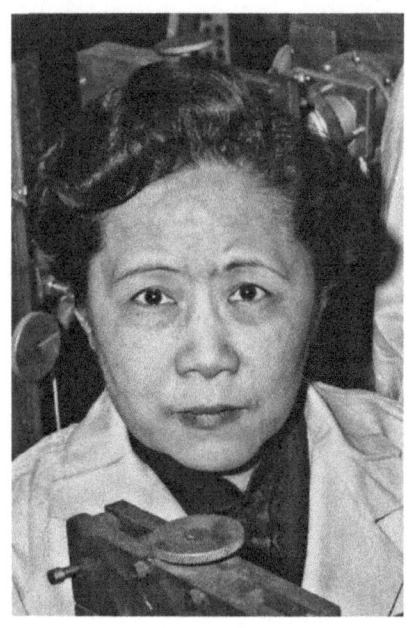

Chien-Shiung Wu

Sie konnte. Und so begann ein neues Kapitel in einer der herausragendsten Physikerinnen-Karrieren des 20. Jahrhunderts. Dass die gerade knapp 32-jährige Chien-Shiung Wu, die noch nicht einmal einen amerikanischen Pass besaß, überhaupt Zugang zu diesem geheimsten aller geheimen militärischen Forschungsprojekte der Vereinigten Staaten erhielt, lässt erahnen, welchen Ruf die junge Chinesin bereits zu diesem Zeitpunkt in ihrer Wahlheimat genoss.[2]

---

2 Wobei Dihal, a. a. O., darauf hinweist, dass der insgesamt bedeutende
   Beitrag nicht-westlicher und weiblicher Forschender am Manhattan
   Project häufig übersehen wird: »Das populäre historische Narrativ
   stellt es als männliches, westliches Unternehmen dar, doch … Frauen,
   nicht-weiße und nicht-westliche Menschen leisteten wesentliche Beiträge
   zum Manhattan Project und der ihm zugrundeliegenden Physik. Die
   vergessene Geschichte Wus ist eine, in der staatliche Politik und Gender-
   Politik zu Lasten unseres Verständnisses wissenschaftlicher Entwicklung ineinandergreifen.«

Dabei standen ihre bedeutendsten wissenschaftlichen Leistungen noch bevor.

Geboren wurde Chien-Shiung Wu am 31. Mai 1912 als zweites von drei Kindern in Liuhe, nordöstlich von Shanghai. Ihre Mutter, Fan Fuhua, war Lehrerin, ihr Vater, Zong-Yi Wu, ursprünglich Ingenieur, der sich jedoch ebenfalls dem Lehrerberuf zuwandte. Beide Eltern waren modernen Ideen aufgeschlossen und legten Wert auf Bildung für beide Geschlechter.[3] Fan Fuhua setzte sich bei lokalen Familien dafür ein, dass sie ihren Töchtern den Schulbesuch ermöglichten. Zudem wandten ihre Eltern sich gegen das extrem schmerzhafte und gesundheitsschädliche Füßebinden bei Mädchen.[4]

Den prägendsten Einfluss in ihrer Jugend übte allerdings ihr Vater aus, der, so Wu später, stets seiner Zeit voraus, neugierig und wissbegierig war.[5] Er war ein eifriger Leser, der sich unter anderem auch für Literatur über Menschenrechte und Demokratie begeisterte und diesen Idealen nachstrebte. So schrieb er sich an der Ai-Kuo-Akademie des Reformers, Pädagogen und späteren Rektors der Peking-Universität, Cai Yuan-Pei, ein, der ebenfalls ein Befürworter der Frauenbildung war. In den revolutionären Wirren der späten Qing-Dynastie und der ersten Jahre der chinesischen Republik engagierte er sich auf der Seite der Republikaner und Sun Yat-Sens. Nach der Machtübernahme durch Yuan Shih-Kai, der sich 1915 sogar zum Kaiser ausrief, kehrte er nach Liuhe zurück und gründete dort die Ming-De-Schule. Später baute er mit seinem Bruder zusammen eine Spedition auf, mit deren Fahrzeugen er 1931 Truppen und Material transportierte, die im Kampf gegen die japanischen Invasoren eingesetzt wurden. Der selbsternannte Kaiser wiederum sollte noch einmal in gänzlich anderem Kontext in Chien-Shiung Wus Leben auftauchen.

---

3 Vgl. Bertsch McGrayne, a. a. O., S. 254–260.
4 Davison Reynolds, a. a. O., S. 112; Yuan, a. a. O.
5 Chiang, a. a. O., S. 5.

Einstweilen aber war Schule angesagt, denn Chien-Shiung Wu wurde auf der von ihrem Vater gegründeten Schule eingeschult. Diese spiegelte die progressiven Ideen ihres Gründers wider: Keine Schulgebühren, moderne Unterrichtsmaterialien und Aufnahme von Mädchen. Letzteres sogar dann, wenn sie auf ihre jüngeren Brüder aufpassen mussten – diese wurden kurzerhand miteingeschult. Das Ziel Zong-Yi Wus war es, Ignoranz durch Bildung zu bekämpfen und Vorurteilen gegen Frauen entgegenzuwirken. 50 Mädchen, die Wus Schule absolviert hatten, setzten dann auch ihre Bildung in Shanghai und Suzhou fort.[6]

So auch Chien-Shiung Wu selbst, die 1923, mit elf Jahren, das heimische Dorf verließ, um ihre Schulbildung an der Oberschule für Mädchen in Suzhou fortzusetzen. Statt für die reguläre Oberschulbildung schrieb sie sich für den Zweig der Lehranstalt ein, der zugleich eine Lehrerinnenausbildung vermittelte. Dieses Programm war prestigeträchtiger und zudem reizte Wu nach eigener Aussage die anspruchsvollere Aufnahmeprüfung, die sie mit Bravour, als Neuntbeste von 10 000 Bewerberinnen, absolvierte.[7]

Auch diese Schule folgte modernen Grundsätzen und zudem gelang es der Direktorin, Hui-Yu Yang, immer wieder, berühmte chinesische und ausländische Gelehrte für Vorträge an ihrer Lehranstalt zu gewinnen. So kam Wu bereits früh mit der Gedankenwelt der amerikanischen Pädagogen John Dewey, William Heard Kilpatrick und Paul Monroe in Kontakt. Zu den hochkarätigen Rednern an ihrer Schule gehörte aber auch der junge Pekinger Professor Hu Shih. In Amerika ausgebildet, setzte sich Hu Shih, der später auch als Politiker, Diplomat und Literat in Erscheinung treten sollte und sogar als Kandidat für den Literaturnobelpreis gehandelt wurde, für Reformen in China ein. Sein Vortrag zum

---

6　Zu Zong-Yi Wu, seiner Schule und seinem engen und prägenden Verhältnis zu Chien-Shun Wu vgl. insbesondere Chiang, a. a. O., S. 3 ff.
7　Ebd., S. 11.

Thema »Moderne Frauen«, in dem er Wege aufzeigte, wie sich chinesische Frauen gedanklich aus den sie einengenden Traditionen befreien konnten, hinterließ bei Wu einen besonders nachhaltigen Eindruck.[8] Dass der junge Pekinger Intellektuelle in ihrem Leben dauerhaft eine Rolle spielen sollte, ahnte die Schülerin zu diesem Zeitpunkt wohl noch nicht.

Bereits auf der Schule zeichnete sich Wu durch Wissensdurst und Ernsthaftigkeit aus, verzichtete gelegentlich auf Schulausflüge und sogar auf die Nachtruhe, wenn sie etwa mit einer schwer lösbaren Mathematikaufgabe kämpfte. Da das reguläre Curriculum ihrer Schule mehr wissenschaftliche Ausbildung und Englischkurse bot als das Lehrerprogramm, für das sie sich entschieden hatte, lieh sie sich kurzerhand die erforderlichen Lehrbücher von Mitschülerinnen des anderen Schulzweigs und erarbeitete für sich ein Selbstlernprogramm. Dennoch war sie nicht nur bei den Lehrerinnen, sondern auch unter ihren Mitschülerinnen, einschließlich der älteren, beliebt, die das jüngste »kleine Radieschen« (wie die Schülerinnen aufgrund ihrer Schuluniformen mit Kleid und Dutt genannt wurden) unter ihre Fittiche nahmen. 1929 schloss Wu die Oberschule mit den besten Noten ihres Jahrgangs ab.[9]

Die brachten ihr eine Empfehlung für die Nationale Zentraluniversität in Nanjing ein, die sie ohne Aufnahmeprüfung angenommen hätte. Doch Wus Vater setzte sich dafür ein, dass sie sich stattdessen am National China College einschrieb, denn er hatte erfahren, dass dort inzwischen Hu Shih lehrte, den auch er sehr schätzte.[10]

So begegnete Wu dem Idol ihrer Schülerinnenzeit wieder und wurde dessen Lieblingsstudentin.[11] Es gab sogar Gerüchte, dass das

---

8 Ebd., S. 11 f.
9 Vgl. ebd., S. 12 ff.
10 Ebd., S. 15, S. 17.
11 Ebd., S. 15.

Verhältnis über das zwischen Schülerin und Lehrer hinausging. Ein in China erschienener Roman, »Der zweite Handschlag«, der vom Verhältnis einer berühmten Wissenschaftlerin und eines nicht minder bekannten Gelehrten handelte, spielte auf die angebliche Beziehung zwischen Wu und Hu Shih, an.[12] In jedem Fall hielt der Kontakt zwischen den beiden ein Leben lang, und Wu bezeichnete später ihren »lieben Lehrer Hu Shih« als den einflussreichsten Mann in ihrem Leben, neben ihrem Vater.[13]

Allerdings hatte sie wohl in dieser Phase ihres Lebens ohnehin keinen Sinn für eine ernsthafte Romanze.[14] Stattdessen bewies Wu auch im Studium dieselbe Zielstrebigkeit, die sie bereits als Schülerin an den Tag gelegt hatte. Nach dem ersten Studienjahr wechselte die junge Studentin, deren großes Vorbild Marie Curie war, vom Fachbereich Mathematik zur Physik. Sie lernte viel, nahm nur in begrenztem Umfang an Freizeitaktivitäten teil, war aber dennoch keine Einzelgängerin. Sie schloss Freundschaften und machte sich andererseits keine Feinde, da sie im Umgang freundlich und nicht launisch war und Menschen, die ihr nichts bedeuteten, zwar weitgehend ignorierte, sie aber nie verletzte. Freunde beschrieben sie als warmherzig, nachdenklich und ernsthaft, als brillant, aber niemals arrogant oder angeberisch. Aufgrund ihrer Attraktivität und ihrer Leistungen war sie unter manchen Kommilitonen und Kommilitoninnen sogar ein Gesprächsthema.[15] Zudem engagierte sie sich auch in der studentischen Protestbewegung und half im Gefolge der Besetzung der Mandschurei durch Japan 1931 und des Schanghai-Zwischenfalls im Jahr 1932 bei der Organisation von Protestkundgebungen, die unter anderem darauf gerichtet waren,

---

12 Ebd., S. 56.
13 Ebd., S. 17.
14 Ebd., S. 30.
15 Ebd., S. 24, S. 25, S. 27, S. 29.

die chinesische Regierung zur Kriegserklärung gegenüber Japan zu drängen.[16]

Nach dem Studienabschluss mit exzellenten Noten arbeitete sie von 1934 an ein Jahr lang als Lehrassistentin, bevor sie aufgrund einer Empfehlung an die *Academia Sinica*, die erst wenige Jahre zuvor gegründete chinesische Akademie der Wissenschaften, wechselte, wo sie nicht nur durch ihre fachlichen Leistungen auffiel, sondern auch dadurch, dass sie an ihrem wöchentlichen Labortag vor lauter Eifer die Mittagspause und das Essen verpasste.[17]

Unterdessen büffelte sie nebenbei noch Englisch, denn sie hatte sich in den Kopf gesetzt, ihre Studien im Ausland fortzusetzen. Im August 1936 war es soweit: Mit finanzieller Unterstützung ihres Onkels und einer Zusage der University of Michigan in der Tasche, schiffte sie sich zusammen mit einer Freundin auf dem Liniendampfer »President Hoover« ein. Eltern und Onkel begleiteten sie zum Hafen. Dass sie sich nie wieder sehen sollten, wusste zu diesem Zeitpunkt keiner von ihnen.[18]

Überhaupt entwickelten sich die Dinge in den USA anders als geplant. Nach der Ankunft in San Francisco wollte sie einige Tage bei einer Freundin verbringen, deren Ehemann an der University of California, Berkeley lehrte, und dann die Reise gen Osten fortsetzen, um ihr Studium an der University of Michigan aufzunehmen. In Berkeley hatte das akademische Jahr bereits begonnen, doch der Vorsitzende der Vereinigung der chinesischen Studenten an der Universität richtete es so ein, dass ein graduierter chinesischer Physikstudent namens Yuan Chiu-liu (genannt Luke Yuan) die Besucherin mit dem Campus vertraut machte, die sich insbesondere vom dortigen Strahlungslabor beeindruckt zeigte. Auch die Tatsache, dass herausragende junge Atomphysiker wie der spätere wissenschaftliche

---

16 Ebd., S. 31.
17 Vgl. ebd., S. 32.
18 Vgl. Ebd., S. 34.

Leiter des Manhattan Projects, Robert Oppenheimer, und Ernest Lawrence, der drei Jahre später den Physik-Nobelpreis erhalten sollte, dort lehrten, übte auf Wu eine enorme Anziehungskraft aus. War also einerseits Berkeley für Wu schon an sich attraktiv, so disqualifizierte sich die University of Michigan in ihren Augen durch ihre diskriminierende Haltung gegenüber weiblichen Studierenden, von der sie während ihres Aufenthalts in Kalifornien erfuhr. In Ann Arbor nämlich hatte man ein auch mit Spenden der Studierenden beiderlei Geschlechts finanziertes Student Center gebaut, das Studentinnen dann jedoch nur durch den Hintereingang betreten durften. Diese krasse Form sexueller Diskriminierung überraschte und schockierte Wu, zumal sie dergleichen in China nicht erfahren hatte. So fasste sie den Entschluss, in Berkeley zu bleiben.[19]

Das wiederum war leichter gesagt als getan, da die Aufnahme mitten im akademischen Jahr nur mit einer Ausnahmegenehmigung möglich war. Diese konnte der Leiter der physikalischen Fakultät, Raymond T. Birge, erteilen, der jedoch als reizbar, engstirnig, wenig ausländerfreundlich und Frauen gegenüber voreingenommen galt. In Wus Fall erwies er sich jedoch als zugänglich und erteilte den gewünschten Dispens.[20]

Somit konnte sich Wu ins amerikanische Studentenleben stürzen. Allerdings mit gewissen Einschränkungen. So trug sie weiter mit Vorliebe Qipaos, knöchellange, geschlitzte chinesische Kleider mit Stehkragen. Und sie hielt der heimischen Küche die Treue, da sie sich für amerikanische Kost nicht begeistern konnte. Mit dem Inhaber eines chinesischen Restaurants handelte sie aus, dass sie und ihre Freunde dort für 25 Cent pro Person zu Abend essen konnten.[21]

---

19 Zu Wus ersten Wochen in Kalifornien, der Diskriminierung an der University of Michigan und dem Entschluss, das Studium dort fortzusetzen: Chiang, a. a. O., S. 37 ff.
20 Ebd., S. 39.
21 Ebd., S. 40.

Auch in Berkeley erregte die ebenso attraktive wie begabte und strebsame Studentin Aufsehen. Sowohl Professoren als auch Mitstudierende waren auch hier von ihrer Zielstrebigkeit und ihrem absoluten Erfolgswillen beeindruckt.[22] Zudem gab es einige, die sich auch auf anderer Ebene für die hübsche asiatische Mitstudierende begeisterten. Einige besonders eifrige Verehrer komponierten ihr zu Ehren sogar ein Liebeslied, in dem ihr Name, einem Wolfsgeheul ähnlich, als Ausdruck von Sehnsucht verwendet wurde: »Wuu-uuu-uuuh!«[23]

Wu allerdings hielt es in Berkeley nicht anders als zuvor bereits an der Schule und am National China College: Sie legte ihr Hauptaugenmerk auf ihre Studien, und Freunde beschrieben sie als »so ehrgeizig, dass sie für die Forschung alles aufgegeben hätte«.[24] Ihr inoffizieller Doktorvater, der italienische Physiker und spätere Nobelpreisträger Emilio Segrè, beschrieb sie gar als »verrückt nach Physik, nahezu besessen«.[25] Damit fügte sie sich freilich gut in einen Studienjahrgang ein, der noch andere Top-Physiker hervorbrachte, so etwa Robert Wilson, den späteren Gründungsdirektor des Fermi National Accelerator Laboratory in der Nähe von Chicago, und George Michael Volkoff, der gemeinsam mit J. Robert Oppenheimer bereits 1939 die Existenz von Neutronensternen vorhersagte, an der Berechnung der Tolman-Oppenheimer-Volkoff-Grenze (einer oberen Schranke für die Masse solcher Sterne) beteiligt war und später Präsident des kanadischen Physikerverbands wurde.[26] Wus Enkelin allerdings glaubt, auch noch einen weiteren Grund für die Arbeitswut ihrer Großmutter erkannt zu haben, der mit der Unmöglichkeit zusammenhing, ins kriegsgebeutelte China

---

22 Ebd., S. 43.
23 Ebd., S. 44.
24 Ebd., S. 45.
25 Zitiert ebd., S. 48.
26 Vgl. ebd., S. 43.

zurückzukehren: »Abgekoppelt und, wie ich glaube, verzweifelt, stürzte sie sich in ihre Laborarbeit … Bei jedem Examen, das sie ablegte, war sie von der Angst getrieben, nirgends hinzukönnen, wenn sie durchfiel.«[27] Was freilich nie geschah.

Auch wenn sie kein Partygirl war, gab es für Wu ein Leben neben dem Studium. Sie knüpfte Kontakte und teils lebenslange Freundschaften. Und fand den Mann fürs Leben. Sie war wohl eine Zeitlang mit Stanley Philips Frankel liiert, einem Physiker und Computerwissenschaftler, der, wie viele andere Bekanntschaften aus der Zeit in Berkeley, ebenfalls am Manhattan Project mitwirken sollte. Letztlich aber entschied sie sich für Luke Yuan, den Kommilitonen, der sie gleich nach ihrer Ankunft in den USA mit der UC Berkeley vertraut gemacht hatte. Die beiden heirateten am 30. Mai 1942.[28] Mit Luke Yuan erschien auch Yuan Shih-Kai noch einmal in Wus Blickfeld, denn Lukes Vater Yuan Ke-Wen war dessen Sohn, mit einer Konkubine. Das Einvernehmen zwischen dem selbsternannten Kaiser und seinem Sohn war freilich nicht ungetrübt und Yuan Ke-Wen war wegen eines milden, auf Yuan Shih-Kai abzielenden Spottgedichts sogar zeitweilig unter Hausarrest gestellt worden.[29]

Nach dem zweiten Studienjahr in Berkeley nahm Wu unter der Ägide von Ernest Lawrence und Emilio Segrè ihre Promotion auf und wandte sich dem Fachgebiet zu, das ihr Leben bestimmen und in dem sie bereits zu Lebzeiten zur Legende werden sollte: der experimentellen Kernphysik. Dabei beschäftigte sie sich bereits mit dem später für sie bedeutsamen Thema des Beta-Zerfalls. Der Begriff bezeichnet »verschiedene miteinander verwandte Prozesse der schwachen Wechselwirkung, die unter Beteiligung von Elektronen oder Positronen ablaufen«[30], wobei sich Teilchen ineinander

27 Yuan, a. a. O.
28 Chiang, a. a. O., S. 64 ff.
29 Ebd., S. 58.
30 Definition aus Eintrag »Betazerfall«, www.spektrum.de

umwandeln. Die schwache Wechselwirkung ist eine der vier der heutigen Wissenschaft bekannten Wechselwirkungen oder Grundkräfte der Physik, zu denen ferner die Gravitation, der Elektromagnetismus und die starke Wechselwirkung gehören und mit denen wir »alle Phänomene und alle Prozesse, die wir bisher auf der Erde oder im Weltall beobachtet haben, beschreiben« können.[31]

Sowohl Lawrence als auch Segrè lobten die Qualität ihrer Arbeit in den höchsten Tönen. Wu zeichnete sich dabei durch unerbittliche Präzision und Sorgfalt aus.[32] Auch ihr Äußeres begeisterte immer wieder. In einer Eloge, die zweifellos keinem männlichen Kommilitonen zuteilgeworden wäre und daher, wenn auch sicherlich wohlgemeint, dennoch nicht frei von Sexismus war, schrieb der Nobelpreisträger der Physik von 1968, Luis Walter Alvarez, in seinen Memoiren: »Bis die Probe in einem Radioaktivitätsexperiment zerfiel, dauerte es viele Stunden. In dieser Zeit der Untätigkeit lernte ich diese Graduate-Studentin kennen. Sie benutzte denselben Raum nebenan und wurde ›Gee-Gee‹ genannt. Sie war die talentierteste und hübscheste experimentelle Physikerin, die ich je kennengelernt habe.«[33] Wu schaffte es sogar in die lokale Presse, wobei wiederum nicht allein ihre wissenschaftlichen Leistungen, sondern auch ihr Aussehen Erwähnung fanden. Am 26. April 1941 druckte die *Oakland Tribune* einen Artikel unter dem Titel »Zierliche chinesische Dame leistet herausragende Forschung zur Bombardierung von Atomkernen«. Die im Titel erkennbare Tendenz setzte sich im Artikel selbst fort, wo es hieß: »Ein zierliches chinesisches Mädchen arbeitete im Labor Seite an Seite mit US-Topforschern beim Studium nuklearer Kollisionen. Dieses Mädchen ist das neue Mitglied des Physik-Forschungsteams in Berkeley. Fräulein Wu oder,

---

31 Eintrag »Schwache Wechselwirkung«, www.leifiphysik.del
32 Chiang, a. a. O., S. 48.
33 Zitiert nach ebd., S. 87.

zutreffender, Dr. Wu sieht aus wie eine Schauspielerin oder Künstlerin oder wie eine höhere Tochter auf der Suche nach westlicher Kultur.«[34]

Wu war aber nicht nur talentiert, ultra-präzise und hübsch, sie war auch in ihrem Arbeitseifer nicht zu bremsen und arbeitete bis spät in die Nacht im Labor, was die physikalische Fakultät dazu veranlasste, den ebenfalls als nachtaktiv bekannten Kommilitonen Robert Wilson zu beauftragen, sie zu ihrer Sicherheit nachts mit dem Auto nach Hause zu fahren. Wilson fand sich demgemäß gegen drei oder vier Uhr morgens an ihrer Labortür ein und ließ sie wissen: »Es ist Zeit, dass Sie heimgehen, Miss Wu.«[35]

Zwei Jahre arbeitete Wu an ihrer Doktorarbeit, die sich mit dem Thema Uranspaltung befasste – womit sie sich an der Spitze der damaligen Wissenschaft bewegte, denn die Kernspaltung war erst 1938 von Otto Hahn, Fritz Strassmann und Lise Meitner entdeckt worden. Die Arbeit hatte zwei Teile, von denen eine sich mit Bremsstrahlung befasste, der elektromagnetischen Strahlung, die durch die Beschleunigung, Bremsung oder Ablenkung eines elektrisch geladenen Teilchens, z. B. eines Elektrons, entsteht. Der zweite Teil der Arbeit bezog sich auf radioaktive Isotope des Elements Xenon, die bei der Kernspaltung von Uran im Zyklotron des Strahlungslabors der UC Berkeley entstanden.[36] Ein Teil der Forschungsergebnisse Wus sollte sich später für die Entwicklung der Atombombe als wichtig erweisen.[37] Wu wurde 1940 promoviert, nachdem sie bei der Verteidigung ihrer Dissertation am 17. Mai 1940 fast in Ohnmacht gefallen wäre. Was angesichts des illustren Prüfungsausschusses, dem mit Lawrence, Alvarez und Glenn T. Seaborg immerhin ein Nobelpreisträger und zwei angehende Laureaten

---

34 Zitiert nach ebd., a. a. O., S. 92.
35 Ebd., S. 49.
36 Ebd., S. 87.
37 Ebd., S. 48; S. 87 f.

sowie die ebenfalls prominenten Experten Robert B. Brode und Leonard B. Loeb angehörten, einigermaßen nachvollziehbar war. Alle Prüfer zeigten sich mit Wus Leistung jedoch mehr als zufrieden.[38]

Nach der Promotion blieb Wu, die inzwischen in die akademische Ehrengesellschaft Phi Beta Kappa aufgenommen worden war, für weitere zwei Jahre als Forschungsassistentin in Berkeley. Doch entgegen dem Wunsch von Emilio Segrè konnte sich Berkeley nicht dazu durchringen, ihr eine feste Stelle anzubieten, was der berühmte italienische Forscher kopfschüttelnd mit der Bemerkung quittierte: »Sie hätten einen Star haben können.«[39] Die amerikanische Physik war indessen noch immer fast eine reine Männerdomäne: Zu jener Zeit gab es an den 20 besten Forschungsuniversitäten der USA keine einzige Physikprofessorin.[40]

So entschloss sich Wu, ihrem Ehemann an die Ostküste zu folgen. Yuan, der bereits 1937 von Berkeley an das California Institute of Technology in Pasadena gewechselt war, nahm 1942 eine Tätigkeit im Labor der Radio Corporation of America (RCA) in Princeton (New Jersey) an, das während des Zweiten Weltkriegs hauptsächlich kriegsrelevante Forschung betrieb. Wu fand eine Anstellung am Smith College in Northampton (Massachusetts), einem der renommiertesten Frauencolleges der USA, zu dessen prominenten Absolventinnen auch Margaret Mitchell, die Autorin des Bestsellers »Vom Winde verweht«, und die spätere Präsidentengattin Nancy Reagan gehören.

Die Tätigkeit dort war jedoch nicht nach dem Geschmack der auf Forschung fokussierten Wu, denn Smith war keine Forschungsuniversität und ihr Aufgabenkreis blieb auf reine Lehrtätigkeit beschränkt. So machte sie auch in Briefen an Freunde und Bekannte keinen Hehl daraus, dass sie zwar einerseits das Zusammenleben

---

38 Vgl. ebd., S. 90 f.
39 Davison Reynolds, a. a. O., S. 115.
40 Chiang, a. a. O., S. 71.

mit ihrem frischgebackenen Ehemann sehr genoss, andererseits aber beruflich frustriert war. Zudem gefiel der von Kalifornien Verwöhnten das Klima in Northampton nicht und selbst der örtliche Supermarkt veranlasste sie zum Klagen.

Unterstützung bei ihren Bemühungen um eine Alternative erhielt Wu von ihrem Doktorvater Ernest Lawrence, dessen Empfehlungsschreiben an diverse Universitäten immerhin zu acht Angeboten namhafter Universitäten führten. Obwohl Smith ihr nach einem Jahr eine Stelle als Associate Professor und eine deutliche Gehaltserhöhung anbot, entschied sich Wu, eine Professorenstelle in Princeton anzunehmen – womit sie zugleich die erste weibliche Dozentin in der Geschichte der Universität wurde. Allerdings nicht ganz ohne Probleme. Nachdem sie von Professor Henry DeWolf Smyth das Stellenangebot erhalten hatte, dauerte es einige Zeit bis zur Anstellung und Smyth ließ sie in einem Schreiben wissen, dass er die Schwierigkeiten, eine Frau als Lehrkraft zu engagieren, unterschätzt hatte.[41]

Noch immer aber vermisste sie die Möglichkeit, zu forschen, die ihr auch Princeton nicht bot, wo sie Marineoffizieren Physikunterricht erteilte. Ihr Mentor Lawrence empfahl sie daher wenige Monate später der Columbia University, die sie als Senior Scientist engagierte – und so kam sie zum Manhattan Project. J. Robert Oppenheimer, der später das nicht ausschließlich positiv besetzte Prädikat »Vater der Atombombe« erhielt und der Wu in Berkeley kennen- und schätzen gelernt hatte, hatte einen maßgeblichen Anteil daran, dass sie Zugang zu dem ultrageheimen Projekt erlangte.[42]

Ihr Beitrag zur Entwicklung der ersten Atombombe war keineswegs unbedeutend. Sie war beteiligt an der Arbeit zur Urananreicherung, speziell der Isotopentrennung mittels Gasdiffusion, und bei der Entwicklung von Strahlendetektoren. Als sehr bedeutsam

---

41 Ebd., S. 73.
42 Ebd., S. 74, S. 85 (zu Oppenheimer).

erwies sich dabei eine bereits abgeschlossene Arbeit Wus aus der Zeit in Berkeley. Beim Betrieb des Hanford-Forschungsreaktors in Washington kam es zu Unterbrechungen der beabsichtigten Kettenreaktion, die sich die Wissenschaftler, unter anderem Enrico Fermi, nicht erklären konnten. Sie hegten jedoch den Verdacht, dass das Problem mit einem Spaltprodukt, dem radioaktiven Edelgas Xe-135, zusammenhängen konnte. Segrè, der sich an ein noch unveröffentlichtes Papier aus Wus Zeit in Berkeley erinnerte, riet ihnen, sie zu kontaktieren, und nach einigem Hin und Her gab Wu das Papier heraus, das die Hypothese bestätigte.[43]

Wie viele andere an der Entwicklung der Bombe Beteiligte sah auch Wu ihre Rolle später kritisch. Bei einem Besuch in Taiwan im Jahr 1965 riet sie Präsident Chiang Kai-shek davon ab, eine eigene Atombombe zu entwickeln, obwohl die Volksrepublik China die Bombe bereits besaß. In einem Interview mit der *New York Post* äußerte sie im Jahr 1959 die Hoffnung, dass die Menschheit sich mit der Bombe nicht selbst ausrotten würde: »Glauben Sie, dass die Leute so dumm und selbstzerstörerisch sind? Nein, ich habe Vertrauen in die Menschheit. Ich glaube, dass wir eines Tages friedlich zusammenleben werden.«[44]

Die Rückkehr nach China während des Zweiten Japanisch-Chinesischen Kriegs, von 1937 bis 1945, war keine attraktive Option und so gab es in Princeton, wo Wu und ihr Mann noch immer lebten, eine chinesische Diaspora, zu der die beiden regen Sozialkontakt pflegten. Zur chinesischen Community an der Ostküste gehörten namhafte Wissenschaftler und Wissenschaftlerinnen ebenso wie der spätere Stararchitekt Ieoh Ming Pei, mit dem Wu eine Freundschaft verband.[45] Auch Pei arbeitete für das Manhattan Project, wo

43 Ebd., S. 95 f.
44 Zitiert nach ebd., S. 99.
45 Ebd., S. 74 f.

seine Aufgabe darin bestand, die effektivste Methode für die Bombardierung und Zerstörung von Häusern zu erforschen.[46]

Wie viele ihrer Landsleute hoffte das Ehepaar, möglichst bald nach China zurückkehren zu können. Doch der Krieg mit Japan und der unmittelbar danach wieder aufflammende chinesische Bürgerkrieg ließen die Umsetzung dieser Pläne in weite Ferne rücken. Auch die Gründung der Volksrepublik China im Oktober 1949 erhöhte die Attraktivität der Rückkehr nicht. Wus Vater drängte sie zum Verbleib in den USA. Zudem wollten sie nicht, dass ihr 1947 geborener Sohn Vincent, der später ebenfalls Physiker wurde, in einem kommunistischen Staat aufwuchs. So blieben sie. Da Wu aufgrund ihres gestiegenen Bekanntheitsgrades inzwischen zu internationalen Konferenzen eingeladen wurde, wegen ihres von der Republik China (Taiwan) ausgestellten Passes aber zunehmend Schwierigkeiten hatte, die für die Reisen erforderlichen Visa zu bekommen, entschloss sie sich 1952, die US-Staatsbürgerschaft anzunehmen. Auch diesen Schritt nahm Wu sehr ernst. Als der Beamte der Einwanderungsbehörde der vor ihm stehenden Bewerberin die Frage stellte, was unter Demokratie zu verstehen sei, verblüffte diese ihn mit der Antwort: »Es tut mir leid, aber ich muss mich setzen, um ihre Frage detailliert zu beantworten.« Worauf der Fragende antwortete: »Das ist nicht nötig. Eine kurze Antwort würde völlig ausreichen.«[47] Wu fand offenbar die passend-griffigen Worte, denn sie wurde eingebürgert.

Inzwischen war sie eine gefragte Expertin in Sachen Beta-Zerfall geworden und verfolgte ihre Studien mit ungebrochenem Elan. Auch ihre zusätzliche Aufgabe als Mutter bremste sie nicht in ihrem Forscherinnendrang.[48]

---

46 Ebd., S. 75.
47 Zitate ebd., S. 82.
48 Vgl. ebd., S. 78 ff.

Die erste Theorie des Beta-Zerfalls war zwar bereits 1934 von Enrico Fermi aufgestellt worden. Doch auch mehr als ein Jahrzehnt nach seiner bahnbrechenden Arbeit blieben bei dem Thema noch immer Fragen offen.[49] So hatte Fermi angenommen, dass beim Beta-Zerfall die Elektronen mit hoher Geschwindigkeit aus dem Atomkern schießen müssten, doch entsprechende Experimente bestätigten dies nicht, was zu Zweifeln an der Fermi'schen Theorie führte. 1949 unternahm Wu allerdings ein Experiment, mit dem sie die Theorie ihres italienischen Mentors bestätigen konnte. Genau genommen wiederholte sie einen zuvor von Luis Walter Alvarez vorgenommenen Versuch, bei dem Alvarez die Neutronenstreuung in Wasserstoff gemessen hatte und zu dem Ergebnis gekommen war, das Fermis Theorie zu widersprechen schien. Wu ging davon aus, dass die Geschwindigkeit der Elektronen von der Dicke und exakten Oberflächenbeschaffenheit der verwendeten radioaktiven Quelle beeinflusst wurde. Sie fügte daher dem Wasser Waschmittel zu, das sich auf der Wasseroberfläche zu einem gleichmäßigen Film ausbreitete. Mittels eines Kupferrings schöpfte sie dann einen Teil dieses Films ab und benetzte diesen mit einem Tropfen einer Lösung, die radioaktives Kupfer enthielt, das sich wiederum dünn und gleichmäßig verteilte. Nach dem Trocknen diente dieser dünne Film als radioaktive Quelle. So gelang es ihr nachzuweisen, dass das von Alvarez und anderen erzielte abweichende Ergebnis auf der ungleichen Dicke der bei früheren Experimenten verwendeten radioaktiven Materialien beruhte und nicht etwa auf einem Fehler in Fermis Theorie.[50]

Trotz ihrer unzweifelhaften Kompetenz scheiterten wiederholte Versuche ihrer Kollegen an der Columbia University, ihr einen Lehrauftrag zu verschaffen, am Leiter des Fachbereichs Physik der Universität, dem Nobelpreisträger Isidor I. Rabi. Obwohl er Wu

---

49 Vgl. dazu etwa: Stech, a. a. O., S. 1047 ff.
50 Vgl. Chiang, a. a. O., S. 107 f.

durchaus gewogen war und bis zu seinem Lebensende mit ihr in Verbindung blieb, war er nicht bereit, einer Frau einen Lehrauftrag zuzugestehen.[51]

1952 aber ernannte sie die Columbia University zur Associate Professorin. Was nicht etwa bedeutete, dass sie ein entsprechendes Gehalt erhielt. Erst 1975, unter dem neuen Fachbereichsleiter Robert Serber, einem weiteren Veteranen des Manhattan Projects, wurde ihre Bezahlung an die der männlichen Kollegen angeglichen. Wu selbst sprach nie darüber, sie konzentrierte sich lieber auf die Forschung. Dem Thema Beta-Zerfall blieb sie dabei treu und erstellte unter anderem eine Übersicht der dazu existierenden Theorien und Experimente.

Sie hatte sich inzwischen einen soliden Ruf als *die* Autorität auf diesem Gebiet erarbeitet.[52] 1956 aber vollbrachte sie die wissenschaftliche Leistung, die ihr endgültig zu einem Platz in der Geschichte ihrer Wissenschaft und sogar zu Weltruhm verhalf. Die Mitte des 20. Jahrhunderts war gekennzeichnet von bahnbrechenden physikalischen Entdeckungen. Doch wachsendes Wissen zieht oft auch zunehmende Zweifel nach sich und scheinbar unverrückbare Erkenntnisse geraten ins Wanken. Genau dies geschah in den 50er-Jahren, als die beiden chinesisch-amerikanischen Physiker Tsung-Dao Lee und Chun Ning Yang die Hypothese aufstellten, dass die bis dahin als Naturgesetz betrachtete Erhaltung der Parität, also die Spiegelungssymmetrie physikalischer Systeme, nicht uneingeschränkt gilt. Wus Biograf Chiang veranschaulicht das Phänomen mit einem einfachen Beispiel: »Stellen Sie sich vor, Sie stehen vor einem Spiegel und öffnen eine Flasche mit einer Bewegung im Uhrzeigersinn. Das Spiegelbild würde eine Bewegung gegen den Uhrzeigersinn zeigen. Wir sagen, dass die physische Handlung (Öffnen einer Flasche) in beiden Welten dieselbe

51 Chiang, S. 109 f.
52 Chiang, a. a. O., S. 108.

ist und damit Paritätserhaltung besteht.«[53] Yang, der in Princeton forschte, und sein Kollege Lee von der Columbia University vermuteten indes, dass bei einer räumlichen Spiegelung Original und Spiegelbild eben nicht zwingend ununterscheidbar sind und eine Vertauschung von rechts und links relevante Auswirkungen haben kann.[54] Yang nahm dabei an, dass zwischen der Paritätserhaltung hinsichtlich der starken und der schwachen Wechselwirkung unterschieden werden könne.[55]

Zweifel an der Paritätserhaltung waren für die damalige Physik ein nahezu ketzerischer Gedanke – »etwa so provokant wie die Behauptung, die Erdanziehungskraft wirkt nur manchmal«[56] –, der daher auch auf erheblichen Widerstand in der Wissenschaftscommunity stieß. Und selbst Yang und Lee selbst waren von ihrer Hypothese nicht restlos überzeugt, wie der Arbeitstitel ihres am 1. Oktober 1956 in der Zeitschrift *Physical Review* erschienenen Artikels zu diesem Thema verriet: »Is Parity Conserved in Weak Interaction?« Yang bestätigte dies später selbst. »Ich weiß von niemandem zur damaligen Zeit – und das schließt Lee und Yang mit ein –, der glaubte, dass es nicht symmetrisch sein würde … Wir haben unser Papier nur geschrieben, weil wir glaubten, dass dies getestet werden sollte.«[57]

Und da kam Wu ins Spiel. Da ein enger Zusammenhang zwischen der schwachen Wechselwirkung und dem Phänomen des Beta-Zerfalls, dem Spezialthema Wus, bestand, lag es für Yang und Lee nahe, sich an die versierte Kollegin von der Columbia University

---

53 Ebd., S. 123.
54 Vgl. Uni Münster.
55 Vgl. etwa Chiang, a. a. O., S. 123.
56 Yuan, a. a. O.
57 Zitiert nach Chiang, a. a. O., S. 126. Der Titel des Artikels in der »Physical Review« vom 1. Oktober 1956 wurde durch die Redaktion geändert in »Question of Parity Conservation in Weak Interactions« (»Physical Review« 104, 1956, S. 254–258).

zu wenden. Zwar sprachen sie auch andere Kollegen an, doch laut Yang war Wu die Einzige, die die Bedeutung des Experiments verstand.[58] Und sie nahm auch diese Aufgabe extrem ernst. So ernst, dass sie eine lange geplante Reise mit ihrem Mann, die sie zuerst zu einem wissenschaftlichen Kongress nach Europa und dann auf Vortragsreise nach Asien führen sollte – wo sie seit 20 Jahren nicht mehr gewesen waren –, dafür aufgab.[59] Yuan reiste allein und Wu machte sich daran, jenes Experiment durchzuführen, das später nach ihr benannt werden sollte.

Das Wu-Experiment war vom Ansatz her einfach, in der Umsetzung aber kompliziert. Radioaktives Cobalt-60 sollte einem starken Magnetfeld ausgesetzt werden, um eine Polarisation, also eine gleichmäßige Ausrichtung der Atomkerne, zu erreichen und zu untersuchen, in welche Richtung die Elektronen beim Beta-Zerfall emittiert wurden.[60] Die Polarisation erforderte dabei neben dem starken Magnetfeld auch extrem niedrige Temperaturen, um eine störende thermische Bewegung der Atomkerne zu unterbinden. Die technische Ausstattung der Columbia University gab dies jedoch nicht her, sodass Wu sich nach einer Alternative umschauen musste, die sie im National Bureau of Standards (NBS) in Washington fand. Dieses verfügte über die entsprechende Technologie. Es gelang Wu, den dort tätigen britisch-amerikanischen Kryogeniker Ernest Ambler zur Zusammenarbeit zu überreden, die sich freilich nicht immer ganz spannungsfrei gestalten sollte. Unter anderem teilte er wohl nicht ihr Gefühl der Dringlichkeit im Hinblick auf das Experiment und als Wu ihm Ende Juli 1956 mitteilte, dass sie die Vorbereitungen für das Experiment abgeschlossen habe und startbereit sei, war sie entsetzt zu erfahren, dass Ambler zunächst einen mehrwöchigen Urlaub antreten wollte. Auch dass die

---

58 Chiang, a. a. O., S. 126.
59 Vgl. ebd., S. 127.
60 Vgl. Nelson, a. a. O.

arbeitsbesessene Forscherin der Ansicht war, Mittagspausen hätten sich auf 15 Minuten zu beschränken, gefiel weder Ambler noch den drei weiteren am Experiment beteiligten amerikanischen Kollegen. Zudem gab es nach Aussage von Ambler Kommunikationsprobleme zwischen Wu und ihren vier Kollegen vom NBS.[61]

Schließlich aber wurde das Experiment durchgeführt und es zeigte sich, dass die Elektronen vorwiegend in eine Richtung emittiert wurden und somit keine Links-Rechts-Symmetrie bestand. Das Ergebnis wurde im Januar 1957 wiederum im *Physical Review* präsentiert.[62] Dass Wu als Erstautorin fungierte, führte wiederum zu Spannungen mit den Forschern des NBS, die Wu lediglich als Unterstützerin ihrer Arbeit sahen – eine Auffassung, die die auf den zweiten Rang verwiesenen Kollegen keinesfalls teilten.[63]

Einig waren sich jedoch alle, dass das Ergebnis bahnbrechend war. Anders als bei vielen Fortschritten auf dem Gebiet der Physik, bei denen sich der Enthusiasmus häufig auf eingeweihte Experten beschränkt, nahm in diesem Fall sogar die landesweite Presse, wie etwa die Wochenmagazine *Time* und *Life*, die *New York Times* und die *New York Post* das Thema auf. Letztere schrieb überschwänglich: »Diese kleine, bescheidene Frau war stark genug, um zu tun, was keine Armee jemals schaffen kann: Sie hat geholfen, ein Naturgesetz zu zerstören.«[64] Dem stimmten auch die Fachleute zu. Die *New York Times* zitierte unter der Schlagzeile »Grundkonzept der Physik soll durch Tests erschüttert worden sein« Isidor Rabi mit den Worten: »In gewissem Sinne ist die Basis einer recht kompletten theoretischen Struktur erschüttert worden und wir sind nicht sicher, wie wir die Teile zusammenfügen sollen.«[65] Auch Lee und

---

61 Chiang, a. a. O., S. 130, S. 140.
62 Wu/Ambler/Hayward/Hoppes/Hudson, S. 1413–1415.
63 Chiang, a. a. O., S. 139 f., S.146 f.
64 Zitiert nach Swaby, a. a. O., S. 146.
65 Schmeck, New York Times vom 16. Januar 1957.

Yang hoben die Bedeutung Wus hervor. So meinte Lee, sie »war eine Gigantin der Physik. Auf dem Gebiet des Beta-Zerfalls ist ihr niemand ebenbürtig.«[66] Und Yang selbst erklärte noch 40 Jahre später, dass kein anderes Experiment in dem halben Jahrhundert seit dem Zweiten Weltkrieg die Physik stärker erschüttert habe als das Wu-Experiment.[67] Unter Fachleuten wurde sie in einem Atemzug mit ihrem Idol Marie Curie und mit Lise Meitner genannt, wobei die Meinungen dazu auseinandergingen, welche der drei Spitzenphysikerinnen die Spitze der Spitze bildete. Wus Freund und Mentor Emilio Segrè zumindest hatte dazu, wie Wu später berichtete, eine klare Meinung, die er ihr gegenüber zum Ausdruck brachte: »Curies Physik war gar nicht so großartig. Deine Arbeit ist besser!«[68] Geradezu schwärmerisch drückte sich der ebenfalls an der Columbia University arbeitende Physiknobelpreisträger Polykarp Kusch aus: »Ihre Experimente sind mit großer Eleganz entworfen worden und haben aufgrund dieser Eleganz eine hohe ästhetische Qualität.«[69]

Angesichts der Bedeutung des Experiments und der Anerkennung, die Wu zuteilwurde, wurde sie bald als Nobelpreiskandidatin gehandelt. Doch für den Nachweis der Paritätsverletzung wurden Lee und Yang 1957 von der Königlich Schwedischen Akademie mit dem Preis bedacht, während Wu leer ausging. Dass sie übergangen wurde, löste in Wissenschaftskreisen Unverständnis und Kopfschütteln aus. Zu den Kritikern gehörte J. Robert Oppenheimer ebenso wie Jack Steinberger, der 1988 für seine Forschung zu Neutrinos, elektrisch neutralen Elementarteilchen, selbst den begehrten Preis erhielt und darauf verwies, dass Lee und Yang zwar

66 Nelson, a. a. O.
67 Zitat bei Chiang, a. a. O., S. 153.
68 Zum Expertenstreit siehe ebd., S. 175 ff. Zitat ebd., S. 177.
69 Zitat bei Nelson, a. a. O., Übersetzung des Verfassers.

die Theorie der Paritätsverletzung aufgestellt hatten, Wu sie aber bewiesen hatte.[70]

Tatsächlich wurde sie wiederholt nominiert, doch der begehrte Preis blieb ihr verwehrt – worunter sie litt. 1988 schrieb sie in einem persönlichen Brief an Steinberger: »*Ich schätze Ihr Lob, das von einem modernen Physiker mit solch einem kritischen Geist stammt, mehr als jeden Preis und jede Ehrung in der Wissenschaft. Ich habe mein ganzes Leben der Forschung zur schwachen Wechselwirkung gewidmet und darin Glück gefunden. Auch wenn ich meine Arbeit nicht im Hinblick auf den Preis getan habe, verletzt es mich noch immer, dass meine Arbeit aus bestimmten Gründen übersehen wurde.*«[71]

Im Laufe ihres langen Lebens erhielt Wu freilich zahlreiche andere wissenschaftliche und sonstige Auszeichnungen.[72] Die Höchstkarätige darunter war der frisch gestiftete Wolf-Preis in Physik, den sie 1978 als Erste erhielt. Der mit 100 000 US-Dollar dotierte, oft als der prestigeträchtigste seiner Art nach dem Nobelpreis bezeichnete Preis der israelischen Wolf-Stiftung dürfte für Wu, die seit einem Besuch des Staates im Jahr 1957 eine große Bewunderung für Israel hegte, eine besondere Genugtuung gewesen sein.[73]

Mit dem Nachweis der Paritätsverletzung hatte Wu ihre bedeutendste wissenschaftliche Leistung erbracht, nicht jedoch die letzte. Sie setzte ihre Forschung zum Beta-Zerfall fort, führte weitere bedeutsame Experimente durch und veröffentlichte neben zahllosen anderen Publikationen 1966 das in Kooperation mit S. A. Moszkowski verfasste, noch heute gebräuchliche Standardwerk

---

70 Vgl. Chiang, a. a. O., S. 146.
71 Zitiert nach Chiang, a. a. O., S. 147, S. 149.
72 Ausführliche Übersicht ebd., S. 228 ff.
73 1957 schrieb Wu an eine Freundin: »Das winzige Israel hat mich am meisten beeindruckt. Die Menschen dort sind arbeitsame Überflieger. Sie haben zwei Drittel der Wüste zurückgewonnen und sie in Agrarland für Siedlungen verwandelt.« Zitat bei Chiang, a. a. O., S. 154 f.

»Beta Decay«. Aber auch einem gänzlich anderen Thema wandte sie sich zu und beschäftigte sich mit der Frage molekularer Veränderungen im Hämoglobin bei Sichelzellenanämie, einer vor allem in Subsahara-Afrika verbreiteten Erbkrankheit, die aber auch bei der schwarzen Bevölkerung New Yorks vorkam. Sie machte sich dabei den ihr als Kernphysikerin bekannten Mößbauer-Effekt zunutze und merkte dazu an: »Dadurch, dass wir in der Nähe von Harlem wohnen, bekommen wir ein unmittelbares Verständnis für Patienten, die an der Sichelzellenkrankheit leiden. Es geht ihnen dreckig ... Dieser Fall zeigte, dass selbst eine scheinbar abseitige Technik der atomphysikalischen Grundlagenforschung von Nutzen für die Gesellschaft sein kann.«[74]

Parallel zu ihrer Forschung setzte sie auch ihre Lehrtätigkeit fort. Dabei war wohl das Verhältnis zu ihren Studentinnen und Studenten nicht immer gänzlich unkompliziert. Der ihr grundsätzlich wohlgesonnene Emilio Segrè merkte dazu an, sie habe sie behandelt wie eine Sklaventreiberin,[75] während andere ihr Verhältnis zu den Studierenden mit dem einer strengen Mutter zu ihren Kindern verglichen, von denen sie die gleiche uneingeschränkte Hingabe an die Wissenschaft und die gleiche Perfektion erwartete, die sie auch sich selbst abverlangte. Sie legte dabei Wert auf die Einhaltung des traditionellen Verhältnisses zwischen Schülern und Lehrerin, kümmerte sich jedoch auch persönlich um ihre Studierenden, erkundigte sich nach ihren Familien, Freunden und Karrieren und war ihnen behilflich, wenn sie konnte.[76]

Neben der Wissenschaft an sich trieb aber auch ein anderes Thema Wu während ihrer gesamten Karriere um: Die Diskriminierung von Frauen in der Wissenschaft. Sie selbst hatte deren

---

74 Zitiert nach Chiang, a. a. O., S. 249, der seinerseits zitiert aus »Wu Chien-Shiung, The First Lady of Physics Research«, Smithsonian, Januar 1971.
75 Chiang, a. a. O., S. 49.
76 Ebd., S. 111 f., S. 242.

Auswirkungen im Laufe der Jahre immer wieder zu spüren bekommen und wollte, dass ihre Studentinnen eine gerechtere Behandlung erlebten. Zwar meinte die Schriftstellerin und konservative Politikerin Clare Boothe Luce, die von 1953 bis 1956 US-Botschafterin in Rom war, 1958: »Als Dr. Wu das Paritätsprinzip zertrümmert hat, hat sie zugleich das Paritätsprinzip zwischen Männern und Frauen hergestellt. Die Leute können nicht mehr sagen, dass Frauen unfähig sind, den Gipfel der wissenschaftlichen Forschung zu erklimmen.«[77] Das aber erlebte Wu in der Praxis anders. Dabei glaubte sie zudem festzustellen, dass die Diskriminierung von Forscherinnen in den USA ausgeprägter war als in China. Eine Position, mit der sie sich in ihrer Wahlheimat nicht nur Freunde machte.[78] So erklärte sie: »In den USA glauben Gesellschaft und Familien bedauerlicherweise, dass die Wissenschaft und einige andere Bereiche ausschließlich männliches Terrain sind … In China ist das anders … Der Westen ist China in puncto Wissenschaft und Technologie voraus, aber nicht unbedingt in der effektiven Nutzung menschlicher Talente.«[79] Auch diese Diskriminierung veranlasste Wu, gerade ihre Studentinnen zu Höchstleistungen anzutreiben, und sie setzte sich bis an ihr Lebensende für eine gerechte Behandlung von Frauen in der Wissenschaft ein.[80] Als aktive Feministin ging es ihr weniger darum, die Laborkultur zu verändern, als Frauen in diese einzubinden.[81] Davon versprach sie sich eine Verbesserung der Lage weit über die engen Grenzen der Laboratorien hinaus. »Männer haben auf den Gebieten der Wissenschaft und Technologie stets dominiert«, erklärte sie bereits 1971 in einer Podiumsdiskussion zum Thema »Frauen in der Physik«. »Schauen Sie sich an, in welch

---

77 Ebd., S. 188, Zitat aus »The Courant Magazine«, 5. Oktober 1958.
78 Vgl. Dihal, a. a. O.
79 Zitiert nach Chiang, a. a. O., S. 173, der seinerseits zitiert aus einem Interview mit Wu in »Herald American Boston«, 14. Juni 1974.
80 Vgl. ebd., S. 171 ff., S. 188 f.
81 Des Jardins, Julie, The Madame Curie Complex, New York, 2017, S. 236.

üblem Zustand die Umwelt ist. Sie haben uns an den Rand eines Umweltdesasters gebracht ... Die Welt wäre ein glücklicherer und sichererer Ort, wenn wir mehr Frauen in der Wissenschaft hätten.«[82] Für viele Frauen und Mädchen wurde sie damit zur Inspiration, wie ihre Enkelin aus zahlreichen Kontakten weiß.[83]

1975 wurde Wu als erste Frau zur Präsidentin der American Physical Society gewählt, 1981 emeritiert. Zur Feier ihres 80. Geburtstags im Jahr 1992 wurden an der Columbia University sowie in Taiwan, der Volksrepublik China und Europa wissenschaftliche Konferenzen veranstaltet. Sie starb am 16. Februar 1997 an den Folgen eines Schlaganfalls. Ihrem Wunsch gemäß wurde ihre Asche auf dem Gelände der von ihrem Vater gegründeten Schule in Liuhe beigesetzt.

---

82 Zitat bei Chiang, a. a. O., S. 189.
83 Yuan, a. a. O.

Ekstase und Torpedos
Hedy Lamarr (1914–2000)

Ihre Karriere begann mit dem größtmöglichen Skandal, als sie 18 Jahre alt war. Die junge Frau flitzte 1933 für sieben Sekunden im tschechischen Film »Ekstase« nackt durch eine malerische Seenlandschaft und simulierte in einer weiteren Szene den wahrscheinlich ersten Orgasmus der Filmgeschichte. Die Geschichte war simpel. Eine frustrierte Braut findet nach einer missglückten Hochzeitsnacht ihre Erfüllung in einer Affäre. Bei den Dreharbeiten brüllte der Regisseur seiner Schauspielerin unaufhörlich Befehle entgegen und stach ihr schließlich auch mit einer Sicherheitsnadel in die Haut. Die so erzeugten Bewegungen und der Gesichtsausdruck lieferten in der Filmszene den gewünschten, intensiven Effekt.[1]

Die Zuschauer bei der Premiere reagierten geschockt, ihre Eltern verließen aus Scham vorzeitig den Kinosaal, Papst Pius XI. verdammte den Auftritt. Im Dritten Reich wurde der Film stark zensiert, später sprach Adolf Hitler ein Verbot aus – die jüdische Familiengeschichte der Hauptdarstellerin war ein weiterer Grund. Auch in den USA setzte es nach heftigen Protesten der amerikanischen Sittenwächterorganisation *Legion of Decency* ein Verbot – der Film wurde aber heimlich für viele weitere Jahre gezeigt und war

---

1 Hutchinson, Pamela: Hedy Lamarr – the 1940s ›bombshell‹ who helped invent wifi. In: The Guardian, 8. März 2018.

Gegenstand zahlreicher Gerichtsverfahren. Das Publikum gab sich stets interessiert am Auftritt von Hedwig Eva Maria Kiesler aus Wien, und es bestand vor allem aus Männern. In Hollywood wurde sie später als »schönste Frau der Welt« vermarktet, doch ihr zweifelhafter Titel als das »Ekstase-Mädchen« blieb bis zum Lebensende an ihr haften.

Kiesler stammte aus einer Familie assimilierter Juden, ihre Mutter Gertrude kam aus Budapest, Vater Emil aus Lemberg (heute Lviv). Nach Privatschule in der Schweiz, Klavierstunden und Ballettunterricht zog es sie zur Schauspielerei. Mit noch nicht einmal 17 Jahren hatte ihre professionelle Laufbahn in Berlin unter dem Regisseur Max Reinhardt begonnen, kurz darauf bekam sie 1931 ihre erste Hauptrolle an der Seite von Heinz Rühmann. Bereits als Kind hatte sie davon geträumt, Filmstar zu werden. »Ich hatte eine kleine Bühne unter dem Schreibtisch meines Vaters«, erinnerte sie sich, »wo ich Märchen nachspielte. Wenn andere in den Raum kamen, mussten sie gedacht haben, ich sei in einer völlig anderen Gedankenwelt. Ich redete ständig mit mir selbst.«[2]

In den Jahren, in denen Kieslers »Ekstase«-Auftritt von sich reden machte, war sie mit dem ersten ihrer sechs Ehemänner verheiratet. Fritz Mandl, ein österreichischer Munitionsfabrikant, hatte ein Millionenvermögen erwirtschaftet. Bis zu einer Million Patronen, Granaten und andere Sprengkörper kam in den stärksten Produktionszeiten täglich von seinen Bändern. Vorrangig belieferte er die Nationalsozialisten und andere Diktatoren und galt als der drittreichste Mann Österreichs. Von seiner 14 Jahre jüngeren Frau, die er 1933 heiratete, hatte er zuvor verlangt, dass sie vom jüdischen zum katholischen Glauben übertrat.

In den ersten Jahren glich die Ehe dem Märchen von Aschenputtel. Fritz Mandl, der als »Patronenkönig« bekannte Industrielle,

---

2   Hedy's Folly: The life and breakthrough inventions of Hedy Lamarr. The most beautiful woman in the world, New York (2011), S. 8.

Hedy Lamarr

überhäufte seine junge Frau mit Luxus, schenkte ihr Autos und Schmuck. Doch bald zeigten sich Mandls weniger freundliche Seiten. Er war besitzergreifend, immer misstrauisch und rasend eifersüchtig – und Hedwig Kiesler seine Trophäe, die er behütete. In seinem Palais am Wiener Schwarzenbergplatz, in dem Kiesler zeitweise lebte, befahl Mandl, sieben Schlösser einzubauen, damit sie die Zehn-Zimmer-Wohnung nicht ohne Weiteres verlassen konnte, und er ließ die Ehefrau durch sein Personal überwachen.

Mandl verbot ihr weitere Auftritte in Film und Theater, er setzte alles daran, die Spuren der früheren Berufstätigkeit seiner Gattin zu tilgen und gab im heutigen Wert umgerechnet über 300 000 Euro aus, um alle Kopien des Films »Ekstase« aufzuspüren und vernichten zu lassen. Niemand sollte seiner Ehefrau mehr beim filmischen Liebesglück zusehen können. Dabei, so erklärte er stets, ging es ihm nicht darum, dass Kiesler nackt zu sehen war, sondern um den Blick in ihren Augen, der während der Sexszenen aufflackerte.[3] Mandl

---

3   Severo, Richard: Hedy Lamarr, sultry star who reigned in Hollywood of the 30's and 40's, dies at 86. In: New York Times, 20. Januar 2000.

bereute es schnell, so viel Geld für die Filmkopien ausgegeben zu haben. Er kaufte und kaufte, aber es tauchten immer neue Kopien auf. Bei Mandls Dinner-Partys und anderen gesellschaftlichen Auftritten untersagte er ihr zu sprechen, stumm saß die junge Hedwig in vollendeter Schönheit am Tisch und lächelte gequält, während der Ehemann – vor allem zweifelhafte – Geschäfte einfädelte. Doch sie hörte aufmerksam zu, wenn es um die neuesten Waffentechnologien ging und machte die Bekanntschaft zahlreicher hochrangiger Finanziers, Militärs und faschistischer Politiker, darunter der italienische Diktator Benito Mussolini.

Schließlich lernte Mandl das Unglück kennen – beruflich und privat. Die Nationalsozialisten beschlagnahmten seine Firma, da er angeblich keine Steuern entrichtet hatte – aber auch, weil Mandl ihnen als Jude galt. Und die Ehefrau verließ ihn, da er ihr nicht nur zu aufbrausend, sondern auch zu langweilig geworden war. Kiesler floh über Nacht aus dem von ihr als »goldenes Gefängnis« bezeichneten Prunk von Wien nach London.

Schnell landete sie in Großbritannien das nächste Engagement und erregte 1937 die Aufmerksamkeit von Louis B. Mayer, der jahrzehntelang die Filmgesellschaft Metro-Goldwyn-Mayer leitete und sie zu den damals bekanntesten und profitabelsten Unternehmen der Filmbranche machte.

Mayer bot ihr einen sechsmonatigen Vertrag für 125 Dollar die Woche an, ohne Umzugskosten. Kiesler lehnte ab und entwarf ihren eigenen Plan, wie sie ihren Marktwert steigern könnte.

Filmmogul Mayer und seine Frau begaben sich schon bald auf die Rückreise in die USA. Kiesler bekam davon Wind und buchte ebenfalls ein Ticket für die Fahrt mit dem Luxusschiff »Normandie«, dem damals größten Schiff der Welt. Als »imposante schwimmende Bühne des Art déco« bezeichnet, bot der Dampfer allen erdenklichen Luxus.[4] An mit Gold und Silber gerahmten Spiegeln

---

4   Wolf, Norbert: Art déco, München (2013), S. 19–20.

und Kronleuchtern vorbei konnten die Passagiere in das Schiffstheater mit knapp 400 Plätzen flanieren. 200 Köche, Kellner und Patissiers gaben das Äußerste, im Bauch des Schiffes lagerten für die Überfahrt 7000 Hähnchen, 80 Tonnen Eiscreme und 12 000 Liter Wein. Kiesler nutzte insbesondere die 80 Meter lange Einkaufsgalerie und den imposanten Speisesaal der »Normandie« als ihre eigene Bühne. »Ich wurde zum Mittelpunkt der Aufmerksamkeit für all die jungen Männer an Bord. Sie folgten mir auf Schritt und Tritt und Mr. Mayer sah mir dabei zu.«[5] Der Studiobesitzer gab sich schnell geschlagen. Noch vor der Ankunft in New York erhöhte er sein Angebot und bot Kiesler einen MGM-Vertrag über sieben Jahre und 500 Dollar (heute etwa 8000 Dollar) pro Woche an. Der Ruf des »Ekstase-Mädchens« war ihr natürlich in den USA vorausgeeilt, umso mehr wollte sie ab jetzt mit ihrer Schauspielkunst und nicht allein mit Schönheit beeindrucken.

Die New Yorker Schaulustigen, die am Kai auf die Ankunft der »Normandie« gewartet hatten, trafen auf eine überraschend zugeknöpfte künftige Filmdiva. »Sie sah überhaupt nicht aus, wie die schaumgeborene Aphrodite unserer Zeit«, gab sich die *New York Times* rückblickend enttäuscht. »Es gibt keinerlei Bestätigung, dass auch nur ein Reporter bei der Ankunft davon geträumt hatte, ihretwegen seine Frau und seine Kinder zu verlassen.«[6] Ihr Rock reichte bis zu den Fesseln, sie weigerte sich, den Fotografen ihre Knie zu präsentieren, und nie wieder wollte sie als Hedwig Kiesler angesprochen werden. »Bitte nennen Sie mich Hedy Lamarr«, sagte sie in das Blitzlichtgewitter der Fotografen hinein. Mayer hatte sie noch auf der Reise über den Atlantik umbenannt – nach dem Star der Stummfilmzeit Barbara La Marr. Die neue Lamarr aus Wien

---

5   Zitiert nach: Bombshell – The Hedy Lamarr Story, Dokumentarfilm von Alexandra Dean, Dogwoof Studio, 2018.

6   Crisler, B. R.: A glance at that awful thing called glamour, New York Times, 12. März 1939.

sollte bei den Zuschauern mit ihrem dunklen Haar und ihrem las-
ziven Augenaufschlag an längst vergangenen Glamour erinnern
und für Aufsehen sorgen. Schon jetzt war ihr Leben turbulent verlaufen, doch eine weitere Wende, ihre Versuche als Erfinderin, hatte
noch nicht einmal begonnen.

Die Karriere in den USA nahm schnell Fahrt auf. Sie drehte
mit den Großen ihrer Ära, wie Spencer Tracy, Clark Gable, James
Stewart und Judy Garland. Fast 30 Filme lieferte sie ab, unter
den bekanntesten der Sandalenfilm »Samson und Delilah« von
Cecil B. DeMille von 1949. Aber dem Vergleich mit anderen Film-
diven und Mit-Emigrantinnen wie Greta Garbo oder Marlene
Dietrich konnte sie nie standhalten. Diese wurden neben ihrer
Ausstrahlung auch für ihre Schauspielkraft verehrt. Die Kritiken
zu Lamarrs Filmen betonten selten ihre künstlerischen Talente,
sondern fast nur ihre Anmut und Attraktivität. In einer Umfrage
gaben US-Studenten an, dass sie die Frau sei, mit der sie am liebsten auf einer einsamen Insel ausgesetzt werden wollten.[7] Mit ihren
ebenmäßigen Gesichtszügen, großen Augen und ihrem lockigen
schwarzen Haar diente ihr Gesicht als Vorlage für Walt Disneys
»Schneewittchen« und auch für die Comic-Heldin »Catwoman«.
Den Kritikern aber fehlte etwas: »Sie ist wie eines dieser Museums-
stücke, ähnlich der Mona Lisa, die in unbewegter Position schöner
sind«, lästerte die *New York Times* 1939 in einer Filmkritik.[8]

Lamarr galt als schwer zufriedenzustellen, war immer ein wenig
überspannt und ließ sich manchmal auch große Chancen entgehen, so etwa die Rolle in »Casablanca« mit Humphrey Bogart,
die schließlich an Ingrid Bergman ging. Obwohl sie als Hol-
lywood-Filmstar internationalen Ruhm erlangte, war Lamarr mit

---

7   Katz, Ephraim: The film encyclopedia, New York (2012), S. 780.
8   Severo, Richard: Hedy Lamarr, sultry star who reigned in Hollywood of
    30's and 40's, dies at 86. In: New York Times, 20. Januar 2000.

der Schauspielerei nie zufrieden: »Jedes Mädchen kann glamourös aussehen, dazu muss es nur stillstehen und dumm gucken.«[9]

In den Drehpausen zwischen zwei Szenen in ihrem Wohnwagen oder zu Hause, wenn sie oft die ganze Nacht wach blieb, pflegte sie ihre wahre Leidenschaft: das Tüfteln und Erfinden. So etwa soll sie dem texanischen Ölerben, Filmemacher und Flugzeugkonstrukteur Howard Hughes Ideen geliefert haben, wie seine Flugzeuge schneller und stromlinienförmiger werden könnten. Hughes war ihr Ex-Geliebter – nach dem Ende der Beziehung hatte Lamarr ihn als schlechtesten Liebhaber, den sie je gehabt hatte, bloßgestellt. Doch das trübte die Freundschaft der beiden nicht. Von einem Ausflug zu den Maschinen von Hughes inspiriert, hatte Lamarr zwei Bücher gekauft. Eines über die schnellsten Vögel und eines über die schnellsten Fische. Man müsse nur, erläuterte sie ihrem Freund Howard, den Körper des schnellsten Fisches mit den Flügeln des schnellsten Vogels kombinieren. Der war angeblich von den Ideen der Ex-Geliebten begeistert und rief aus: »Hedy, du bist ein Genie!«[10]

Einige ihrer Erfindungen misslangen völlig. So etwa lösliche Cola-Tabletten, durch die sich Wasser in Limonade verwandeln sollte. Die Idee wurde zum Misserfolg, und sie gab selbst zu, dass ihre Cola eher wie Alka Seltzer schmeckte.[11] Doch Lamarr war rastlos und nahm bereits das nächste Projekt in Angriff, eine »hautstraffende Technik, basierend auf den Prinzipien eines Akkordeons«. Was immer sie zu entwickeln versuchte, es schien ihr spielerisch zuzufallen. »Ich muss nie an Ideen arbeiten. Sie kommen von allein«, sagte sie.[12]

---

9   Crease, Robert, P.: Inventing beauty. In: Nature, 23. November 2011, S. 474–475.
10 Zitiert nach: Bombshell – The Hedy Lamarr Story, Dokumentarfilm von Alexandra Dean, Dogwoof Studio, 2018.
11 O'Brien, Elle: 5 facts about Hedy Lamarr, star, inventor, wartime code maker. In: Massive Science, 8. November 2020.
12 Zitiert nach: Bombshell – The Hedy Lamarr Story, Dokumentarfilm von Alexandra Dean, Dogwoof Studio, 2018.

Ihr Privatleben blieb turbulent und häufig traurig. 1939 hatte sie den Drehbuchautor und Produzenten Gene Markey kennengelernt. Bereits ein Jahr später kam es zur zweiten Scheidung und Lamarr erklärte vor Gericht, dass beide zwar 14 Monate verheiratet gewesen waren, ihr Ehemann aber nur vier Abende allein mit ihr verbracht habe. Der Richter schied das Paar, schärfte Lamarr aber nachdrücklich ein, dass sie – sollte sie künftig eine weitere Ehe ins Auge fassen – ihren nächsten Ehemann länger als einen Monat vorher kennen sollte.

Nach ihrem Gerichtstermin besuchte Lamarr eine Dinner-Party in Hollywood. Dort saß sie neben dem Avantgardekomponisten George Antheil. Antheil, der »Bad Boy der Musik«, wie er 1945 seine Autobiografie betitelte, hatte vor allem in den 1920er-Jahren für Aufsehen gesorgt. Klassikfans bemängelten, dass er auf das Piano eher einschlage, als auf ihm zu spielen, oft verletzte er sich beim Vortrag seiner Musik. Als Teil seines Images als Rebell zog er bei Auftritten ab und zu auch einen Revolver aus der Innentasche seines Jacketts und legte ihn mit einem kühlen Lächeln auf den Flügel.

Bekannt war er vor allem durch sein »Ballet Mécanique« geworden. Ursprünglich waren dafür unter anderem 16 automatische Klaviere, eine elektrische Glocke, Basstrommeln, eine Sirene und drei Flugzeugpropeller vorgesehen. Aber Antheil scheiterte an der eigenen Radikalität und schaffte es nie, die Klaviere, die mit Lochstreifen aus Papier gesteuert wurden, entsprechend synchron zu programmieren.

Für sein Debüt in Paris komponierte er Stücke wie die »Flugzeug-Sonate« und die »Sonate Sauvage«. Das Publikum reagierte verstört bis aggressiv. Nach der Hälfte der Vorstellung brachen – zur Begeisterung Antheils – Unruhen aus. »Die Menschen prügelten sich in den Gängen, schrien, klatschten und johlten! Ein Inferno!«

Die Polizei musste in den Saal einmarschieren und versuchte, das Publikum – darunter die Künstler Pablo Picasso, Jean Cocteau und Man Ray – zu beruhigen.[13] In der New Yorker Carnegie Hall kamen bei Antheils Konzerten neben seinen automatischen Pianolas auch riesige Vorschlaghämmer und elektrisch angetriebene Windmaschinen zum Einsatz. Der Wind blies so stark, dass ein Zuschauer in den vorderen Reihen ein Taschentuch an seinen Gehstock knotete und ihn als Zeichen der bedingungslosen Kapitulation hochhielt.

Als Lamarr Antheil in Hollywood traf, herrschte eine sofortige gegenseitig Anziehung. Beide entdeckten ihre gemeinsame Leidenschaft für Klaviere und das Erfindertum. Energisch diskutierten sie über den Kriegsfortschritt und wie die Nationalsozialisten gestoppt werden könnten. An diesem Abend in Hollywood trafen zwei Gleichgesinnte aufeinander, und ihr gemeinsamer Ideenreichtum führte zu einer erstaunlichen Entwicklung. Lamarr war fasziniert von dem ungestümen Komponisten. Als sie die Party verließ, schrieb sie ihre Telefonnummer mit Lippenstift auf die Windschutzscheibe von Antheils Wagen. Doch es blieb in den folgenden Jahren bei einer Freundschaft. Auch, weil Antheil, so spottete das *Times Magazine*, nur die »Größe eines Cellos« besaß mit knapp 1,62 Meter. Lamarr bevorzugte große, athletische Männer und manchmal auch Frauen.

Da deutsche U-Boote im Atlantik-Krieg immer mehr Passagier- und Handelsschiffe der Alliierten versenkten, beschloss Lamarr, etwas dagegen zu tun. Und Antheil sollte ihr dabei helfen. Sie bangte auch um ihr Heimatland Österreich, das seit 1938 nicht mehr existierte. Jüdische Nachbarn und Freunde aus Wien waren spurlos verschwunden. Eine Schauspielerin, die als Double für die junge Hedy in Berlin agiert hatte, war von den Nationalsozialisten hingerichtet worden.[14]

---

13 Garafola, Lynn: Legacies of twentieth-century dance, Middletown (2005), S. 257.
14 Lindinger, Michaela: Hedy Lamarr. Filmgöttin, Antifaschistin, Erfinderin, Wien (2019), S. 27.

In vielen gemeinsamen Nächten entwickelten Lamarr und Antheil die Idee, funkgesteuerte Torpedos unter Wasser so zu lenken, dass sie vom Feind nicht geortet werden konnten. Antheils Erfahrung mit seinen automatischen Klavieren führte dazu, dass sie auf Sender- und Empfängerseite Lochstreifen aus Papier verwenden wollten, um die nötigen Frequenzwechsel zu kodieren, damit sie vom Feind nicht beeinflusst werden könnten. Als ob er dabei seine Erfahrung als Musiker verewigen wollte, gab Antheil den Streifen 88 Frequenzwechsel für die Funkwellen – entsprechend den 88 Tasten eines Klaviers. Am 10. Juni 1941 reichte das Duo seine Idee dem Nationalen Erfinderrat ein, ein Jahr später wurde Lamarr und Antheil ein Patent für ihr »Geheimes Kommunikationssystem« erteilt.

Allerdings gab es immer wieder Stimmen, die darauf hinwiesen, dass Lamarr Entwürfe einer ähnlichen Idee im Büro ihres ersten Ehemanns Fritz Mandl gesehen haben soll. Und Lamarr und Antheil waren nicht die Einzigen, die auf diese Idee gekommen waren. Ähnliche US-Patente, die dem von Lamarr und Antheil glichen, gab es bereits in den 1920er-Jahren, und deutsche Ingenieure hatten schon 1939 und 1940 für ähnliche Projekte Patente erhalten.[15]

Trotzdem erregten Lamarr und Antheil großes Aufsehen. Die Gewährung ihres Patents wurde unter anderem auf der Titelseite der *New York Times* erwähnt. Worin der Nutzen aber genau bestand, blieb unbekannt. Die Rechte hatten beide dem US-Militär überlassen, das ihr Patent für das sogenannte Frequenzsprungverfahren als »streng geheim« eingestuft hatte. Tatsächlich wurden die Hollywood-Diva und der Komponist eher belächelt. Lamarr solle sich, so der Ratschlag der Militärs, auf die Dinge konzentrieren, die sie beherrsche, um die USA im Krieg zu unterstützen: Sie solle vor Soldaten auftreten und dabei auch Küsse gegen

---

15 Thorpe, Vanessa: Film tells how Hollywood star Hedy Lamarr helped to invent wifi. In: The Guardian, 12. November 2017.

Kriegsanleihen verkaufen. Das war nicht, was die Erfinderin Lamarr hatte hören wollen, aber sie strengte sich an. In nur zehn Tagen verkaufte sie Kriegsanleihen im Wert von heute ungefähr 350 Millionen US-Dollar.[16]

Die Idee des Frequenzsprungverfahrens von Lamarr und Antheil wurde im Zweiten Weltkrieg nie umgesetzt, erst während der Kubakrise 1962 kam es zum Einsatz, aber in einer deutlich komplexeren Version und lange, nachdem das Patent der beiden bereits abgelaufen war. Geld oder offizielle Anerkennung von Forschern oder der Regierung erhielt Lamarr nie, worüber sie stets klagte. Später brachte das Frequenzsprungverfahren, das die Grundlage für Technologien wie Wifi, GPS, Bluetooth und digitale Kommunikation bildete, der Industrie weltweit viele Milliarden ein.[17]

Erst 1996 wurden Lamarr und Antheil für ihre Arbeit von einem Ingenieursverband geehrt. »Das wird auch mal Zeit«, war Lamarrs einziger Kommentar zur Verleihung. Kritische Stimmen gab es zuhauf. Tatsächlich hatte die Schauspielerin keine formalen Kenntnisse in Informatik oder Mechanik. Die Idee, die Lamarr und Antheil entworfen hatten, dürfte außerdem für den Einsatz in Torpedos kaum nutzbar gewesen sein – Funkwellen funktionieren unter Wasser nicht. In den folgenden Jahren kamen Experten zum Schluss, dass die technischen Inhalte im Patent von Lamarr und Antheil irrelevant waren. Warum jedoch wurde Lamarrs Idee überhaupt patentiert und in der Presse so offensiv beworben? Wohl deshalb, weil hier ein Filmstar die neue Heimat im Krieg unterstützte und das enorme Außenwirkung versprach. Die Behauptung, hinter aller Technik für WLAN, Bluetooth und andere Technik stecke Lamarr, ist ein wenig verkürzt. Dass ihr Patent als geheim eingestuft

---

16 George, Alice: Thank this World War II-era film star for your Wifi. In: Smithsonian Magazine, 4. April 2019.

17 Ebd.

worden war, hing schlicht mit der Kriegssituation zusammen.[18] »Ihre Idee hatte keine Chance zu funktionieren«, fasste der Physiker Tony Rothman zusammen, der in Harvard und Princeton lehrte. Die Behauptung, Lamarrs Erfindung bilde die Grundlage der modernen digitalen Kommunikation, sei nichts als ein moderner Mythos.[19] Dennoch ging Lamarr als »Lady Bluetooth« in die Geschichte ein.

2014 wurde sie in die »National Inventors Hall of Fame« der USA aufgenommen. Und doch wird sie vor allem eine Frau bleiben, die aufgrund ihres Aussehens und ihrer Schönheit weltberühmt war. Ihre Biografin Michaela Lindinger kommt zu einem klaren Urteil und kritisiert: »Dass der Tag der Erfinderinnen und Erfinder im deutschsprachigen Raum an ihrem Geburtstag [Hedy Lamarr ist an einem 9. November geboren, Anm. d. Verf.] gefeiert wird, ist vor allem ein Schlag ins Gesicht all jener Frauen, die sich ernsthaft und wissenschaftlich fundiert auf (noch immer) männlich dominierten Gebieten wie Mathematik, Physik, Chemie und Technik im weitesten Sinn hervorgetan haben.«[20]

Im Alter lebte Lamarr in Florida von einer Pension der Schauspielergewerkschaft. Die Lust am Tüfteln blieb das restliche Leben lang unbändig. Sie entwickelte eine »intelligente« Verkehrsampel, außerdem eine Badewannen-Ausstiegshilfe für ältere Menschen und ein fluoreszierendes Halsband für Hunde. Ebenso versuchte sie sich daran, das Überschallflugzeug »Concorde« zu modifizieren und entwarf eine Taschentuchverpackung mit integrierter Box, in der die benutzten Tücher entsorgt werden konnten. An Ideen fehlte es nie, aber keine ihrer Erfindungen wurde Realität.

18 Lindinger, Michaela: Hedy Lamarr. Filmgöttin, Antifaschistin, Erfinderin, Wien (2019), S. 42–46.
19 Rothman, Tony: Random paths to frequency hopping. In: American Scientist, Januar–Februar 2019.
20 Lindinger, Michaela: Hedy Lamarr. Filmgöttin, Antifaschistin, Erfinderin, Wien (2019), S. 244–245.

Schon auf dem Höhepunkt ihrer Filmkarriere hatte sie sich Amphetamincocktails verschreiben lassen. Die Liste der von ihr eingenommenen Aufputsch- und Beruhigungsmittel wurde immer länger, ebenso die ihrer Schönheitsoperationen. Lamarr verließ kaum noch ihre Wohnung. Kontakt mit der Außenwelt hielt sie fast nur durch tägliche, stundenlange Telefonate, die sie von ihrem Bett aus führte. Letzte Schlagzeilen lieferte sie mit zwei Ladendiebstählen, in einem Fall wurde ihr vorgeworfen, in einer Drogerie Kosmetika im Wert von 21 Dollar eingesteckt zu haben.

Am 19. Januar 2000 starb sie einsam in ihrer Wohnung in Florida – zuvor hatte sie sich perfekt geschminkt und elegant gekleidet. Auf ihrem Ehrengrab auf dem Zentralfriedhof in Wien, direkt gegenüber dem von Udo Jürgens, steht die Inschrift: »Schauspielerin und Erfinderin«. Seit 2018 vergibt die Stadt Wien den Hedy-Lamarr-Preis an österreichische Wissenschaftlerinnen für Leistungen im Bereich der Informationstechnologie. Auch so wird der Mythos der Diva und Erfinderin am Leben gehalten. Wirkliche Anerkennung durch die Wissenschaft erhielt sie nie.

Die Gänse, die goldene Eier legten
Joan Clarke (1917–1996)

In ruhiger See patrouillierte in der Nacht des 12. Februar 1940 das britische Minenräumboot »HMS Gleaner« im äußeren Bereich des Firth of Clyde, einem Meeresarm an der Westküste Schottlands. Um 2:50 Uhr schlug der Abhörspezialist, der das Sonar beobachtete, Alarm. Er hatte verdächtigte Geräusche gehört, die wie das Brummen eines Dieselmotors klangen. Sofort gab der Kapitän Befehl, sich dem Ziel zu nähern. Die Suchscheinwerfer wurden angeschaltet in der Hoffnung, die kleine weiße Spur aus Gischt entdecken zu können, die die Suchfernrohre deutscher U-Boote nach sich zogen. Die Jagd auf U-33 hatte begonnen. Vor fünf Tagen hatte das deutsche U-Boot mit 42 Mann Besatzung vor Helgoland abgelegt, um den Eingang der Meerenge zwischen Irland und Schottland mit Minen zu blockieren. Die Mission war erfolgreich verlaufen. Bis jetzt.

Panisch bemerkte Kapitänleutnant Hans von Dresky, dass sein U-Boot nun auf dem Rückzug entdeckt worden war, und befahl das sofortige Abtauchen. Doch es war zu spät. Die »Gleaner« versetzte U-33 einige entscheidende Treffer. Um 5:22 Uhr am Morgen, nach fünf weiteren Maschinengewehrsalven der Briten, befahl von Dresky der Mannschaft, das U-Boot aufzugeben. Die Besatzung sprang ins eisige Wasser, zwei britische Fischkutter kamen zur Hilfe, auch der Zerstörer »Kingston« half bei der Rettung der Schiffbrüchigen. 17 Deutsche konnten aus dem Wasser gezogen werden, 25 Männer starben an Erschöpfung oder Unterkühlung, darunter auch Kommandant von Dresky. Dieser hatte vor dem Verlassen des Schiffs dem zweiten Wachoffizier, Leutnant Johannes Becker, mit großem Nachdruck noch einen letzten Befehl erteilt. Unter allen Umständen musste verhindert werden, dass die Enigma-Maschine und ihre Walzen in die Hände des Feindes gelangten.

Mit der Enigma, einem schreibmaschinengroßen Gerät, wurde der gesamte Funkverkehr der deutschen Kriegsmarine, Wehrmacht und Luftwaffe ver- und entschlüsselt und vor dem Feind geschützt. Insgesamt wurden 50 000 dieser Maschinen genutzt. Becker hatte die acht Walzen unter den Besatzungsmitgliedern verteilt und ihnen eingeschärft, diese im Meer zu versenken, bevor sie das U-Boot verlassen würden.[1]

Fünf der Rotoren aus Metall landeten wie befohlen auf dem Meeresgrund. Doch in der sich ausbreitenden Panik an Bord wurden drei im Inneren des U-Boots vergessen und gelangten in die Hände der Royal Navy. Schnell wurde der Fund an einen Ort gebracht, an dem man schon seit einiger Zeit mühevoll versuchte, den deutschen Funkverkehr zu entschlüsseln. In Bletchley Park, einem Landsitz, gut 70 Kilometer von London entfernt, stieg die Spannung unter den Codeknackern, ob sich durch diesen Fund das Rätsel der Enigma weiter lösen ließe.

Bletchley Park war zur sogenannten ›Government Code and Cypher School‹, GCCS (etwa: Staatliche Code- und Chiffrenschule), geworden. Gebaut im 19. Jahrhundert für Sir Herbert Leon und seine Frau Fanny, lag das Herrenhaus inmitten einer 120 Hektar großen Parklandschaft in der Grafschaft Buckinghamshire. Jedes Mal, wenn Sir Herbert auf einer seiner zahlreichen Reisen in ferne Länder einen Architekturstil reizvoll fand, ließ er ihn am eigenen Herrenhaus nachbauen. So zierte ein grüner Kupferturm das Haus. An einem anderen Flügel wurden mächtige Burgzinnen angebracht,

---

1 Randall, Anthony, J.: Joan Clarke – The biography of a Bletchley Park Enigma, Milton Keynes (2019), S. 43–45.

Joan Clarke

und georgianische Säulen schmückten die Eingangshalle. Der Taubenschlag neben dem Haupthaus barg ein Geheimnis. Er wurde als Empfangsstation für geheime Nachrichten der Résistance genutzt. Die Tauben wurden in Käfigen per Fallschirm über Frankreich abgeworfen, von Widerstandskämpfern mit Botschaften bestückt und wieder zurückgeschickt.

Unter den Mitarbeitern in Bletchley Park waren viele Naturwissenschaftler aus den nahegelegenen Universitäten Oxford und Cambridge – Mathematiker, Ägyptologen und auch einige Schachgroßmeister. Beim Entziffern der deutschen Codes spielte auch eine unscheinbare junge Frau mit runder Brille und kleiner Zahnlücke eine entscheidende Rolle: Joan Elisabeth Lowther Clarke (1917–1996).

Clarke wuchs in einer Pfarrersfamilie als jüngstes Kind mit drei Brüdern und einer Schwester auf. Ihr Examen in Mathematik an der Universität von Cambridge hatte sie mit Auszeichnung bestanden. Ein vollwertiger Abschluss wurde ihr jedoch vorenthalten, da die Universität bis 1948 Frauen die »volle Mitgliedschaft im akademischen Bereich« verwehrte. Aber ihr gewaltiges mathematisches Talent war früh erkannt worden. Gordon Welchman, einer der führenden Mathematiker des Landes, hatte Clarke an der Universität in Geometrie unterrichtet und sie für eine besondere Aufgabe bestimmt.

Bletchley Park suchte die Besten und Clarke besaß alle Qualitäten, die im Nervenzentrum des Entzifferns geheimer Nachrichten dringend gebraucht wurden. In einem Punkt war der erste Leiter von Bletchley Park, Alastair Denniston, mit den Deutschen einer Meinung: »Alle deutschen Codes sind nicht zu brechen.«[2] Mit 100 Quadrilliarden möglichen Kombinationen, die die Enigma erzeugen konnte, schien diese Ansicht plausibel zu sein. Was Joan Clarke genau bevorstand, davon hatte ihr Welchman an der Universität nichts Genaues erzählt. Fest stand für sie nach den Unterhaltungen mit ihrem alten Professor lediglich, »dass die Arbeit nicht wirklich Mathematiker bedurfte. Aber Mathematiker schienen gut darin zu sein.«[3]

Am 17. Juni 1940 stand Clarke vor den Toren von Bletchley Park und meldete sich bei den Wachtposten zum Dienstantritt. Doch der Weg zum prächtigen Herrenhaus blieb ihr verwehrt. Stattdessen wurde sie zu »Baracke 8« geführt. Das Gelände barst aus allen Nähten. Gegen Kriegsende arbeiteten hier bis zu 14 000 Männer und Frauen, weshalb die meisten Codebrecher in eilig aus groben Brettern zusammengezimmerten Hütten auf dem Parkgelände untergebracht wurden. Schnell wartete auf Clarke die nächste Ernüchterung. Wie die anderen Frauen, die für »Baracke 8« vorgesehen waren, sollte sie Schreibarbeiten erledigen. Generell wurden die Frauen, wie qualifiziert sie auch sein mochten, nur als »die Mädchen« bezeichnet. Alle anspruchsvollen Aufgaben in der Kryptologie blieben Männern vorbehalten. Als Gehalt erhielt die hochqualifizierte Mathematikerin Clarke zwei Pfund die Woche, erheblich weniger als jeder Mann. Doch schnell erregte sie Aufsehen, und bereits innerhalb weniger Tage wendete sich das Blatt. Die männlichen Kollegen begannen, ihr Talent für das

---

2 Lee, Jan: Joan Elisabeth Lowther Clarke Murray, IEEE Annals of the History of Computing Band 23, Ausgabe 1, Januar–März, Davis (2001), S. 67–72.
3 Hinsley, Harry; Stripp, Alan: Codebreakers: The inside story of Bletchley Park, Oxford (1993), S. 113–118.

Dechiffrieren zu erahnen, und so wurde sie schnell auf die Position einer »Sprachwissenschaftlerin« befördert, was der jungen Clarke diebische Freude machte. In ihren Personalbogen trug sie ein: »Dienstgrad: Sprachwissenschaftlerin.
Beherrschte Sprachen: Keine.«[4]
In »Baracke 8« wurde Clarke ein kleiner Raum mit einem eigenen Schreibtisch zugewiesen, auch die Bezahlung stieg ein wenig. Rasch erwarb sie sich im Team um den Wissenschaftler Alan Turing großen Respekt. Das Zusammentreffen mit dem Mathematiker, der zwei Jahre an der Universität von Princeton in den USA verbracht und dort Theorien über geheime Codierungen entworfen hatte, bestimmte ihre weitere Karriere und hatte auch Folgen für ihr Privatleben.

Gemeinsam arbeitete das kleine Team von »Baracke 8« fortan daran, den sogenannten »Delfin«-Code der deutschen Marine zu entschlüsseln. Die Kryptologen brauchten außergewöhnliche Fähigkeiten. Sie mussten kombinieren und sich ständig konzentrieren können, brauchten Beharrlichkeit und große Vorstellungskraft. Die Tatsache, dass Clarke innerhalb so kurzer Zeit in der männlich beherrschten Kryptologie voranschritt, bewies, welch großes Talent sie besaß.

Der Aufwand, der betrieben wurde, um die deutschen Funkcodes zu brechen, war gigantisch. Die britischen Codebrecher versuchten seit 1939, den deutschen Nachrichtenverkehr zu analysieren und die geheimen Verschlüsselungsmethoden der Rotor-Schlüsselmaschine Enigma, aber auch anderer Maschinen wie des Siemens-Geheimschreibers und der Lorenz-Schlüsselmaschine zu entziffern.

Lange Zeit war die Geschichte von Bletchley Park eine vor allem von Männern dominierte Erzählung, in der der Fokus auf dem männlichen Genius und den von ihnen erklommenen höchsten Hierarchieebenen lag. Das wirkliche Leben in Bletchley Park sah ganz anders aus: 1944 arbeiteten drei Mal mehr Frauen als Männer

---

4   Hinsley, Harry; Stripp, Alan: Codebreakers: The inside story of Bletchley Park, Oxford (1993), S. 113–118.

dort.[5] Aber nur eine Handvoll Frauen neben Joan Clarke waren als Kryptoanalytikerinnen beschäftigt.

Die Enigma ähnelte einer Schreibmaschine mit eingebauter Verschlüsselung. Sie codierte alle Nachrichten durch die jeweils veränderte Stellung mehrerer Zahnräder oder Zylinder. Der erste Einbruch in die Verschlüsselungstechnik war Bletchley Park im März 1940 gelungen, als die Abwehrstelle in Hamburg, die Teil des deutschen Auslandsgeheimdienstes war, Nachrichten an ihr »Schiff 26« funkte, ein deutsches Spionageschiff, das vor der norwegischen Küste operierte. Alan Turing und Gordon Welchman war es gelungen, den Suchaufwand nach dem richtigen Schlüssel drastisch zu reduzieren. Sie nutzten elektromechanische Maschinen, die wegen ihres unablässigen Tickens und Klackerns »Turing-Welchman-Bomben« hießen. Auch wegen dieser Entwicklung gilt Turing als einer der Väter des modernen Computers und Wegbereiter der künstlichen Intelligenz.

Clarkes erste Aufgabe kurz nach ihrer Ankunft war es, mit Hilfe der »Bomben« den codierten Enigmatext mit dem Klartext zu vergleichen. Tag und Nacht ratterten die riesigen Maschinen in »Baracke 8«, und innerhalb von drei Monaten schaffte das Team es, rückwirkend sechs Tage Funkverkehr vom April zu entziffern. Die Tür zur Enigma hatte sich nun einen winzigen Spalt aufgetan – doch noch fehlte es an Tempo.

Dann wurde den Deutschen ihre Gründlichkeit beim Erstellen von Routinemeldungen zum Verhängnis. Jeden Morgen sendeten die deutschen Meteorologen pünktlich zur gleichen Zeit und vom selben Ort ihre Wetterberichte. Das war eine Steilvorlage für die britischen Spezialisten um Clarke. Eine täglich neu verschlüsselte Enigma-Meldung, die stets mit den Worten »WETTERVORHERSAGE BEREICH SIEBEN« begann, war fast ebenso nützlich, wie wenn die Deutschen ihren Feinden direkt den gültigen

---

5   Dunlop, Tessa: The Bletchley Girls – War, secrecy, love and loss. The women of Bletchley Park tell their story, London (2015), Einleitung.

Tagesschlüssel für die Maschine gegeben hätten. Die Turing-Bomben probierten mit 60 Umdrehungen pro Minute alle möglichen Einstellungen nacheinander aus. Das dauerte oft nur noch zwei Stunden.

Die Vorarbeiten an der Entzifferung der Enigma hatten polnische Wissenschaftler geleistet. Der Durchbruch gelang aber erst in Bletchley Park. Bis Ende 1940 gelang es den Briten, weitere Enigma-Rotoren zu erbeuten. Doch es blieb eine gewaltige Aufgabe, das Rätsel zu lösen. Mit 336 möglichen Zylinderpositionen blieben alle bisherigen Methoden des schnellen Entzifferns aussichtslos.

Eine neue Technik musste her, und Turing entwickelte sie. Er benutzte etwa 25 Zentimeter breite und viele Meter lange Papierstreifen, in die die Buchstaben des geheimen Texts in Form von Löchern eingestanzt wurden. Auf den Streifen waren mehrere hundert Spalten mit den Buchstaben des Alphabets gedruckt. In der obersten Zeile waren die Spalten durchnummeriert, entsprechend der Position des Buchstabens im Geheimtext. Legten die Kryptologen nun zwei dieser Papierstreifen mit unterschiedlichen Geheimbotschaften auf einem Leuchttisch übereinander und verschoben dann den einen gegen den anderen, konnte die Zahl der übereinanderliegenden Löcher und dem so von unten durchscheinenden Licht auf die Zahl der Übereinstimmungen schließen lassen. So ließen sich zwei Funksprüche schnell und zuverlässig ausrichten. Der Erfolg war durchschlagend, denn aus den 336 möglichen Rotorkombinationen wurden so nur noch höchstens 20. Die Arbeit nahm Fahrt auf.

Die neue Methode wurde »Banburismus« genannt, da die Papierblätter in der Stadt Banbury, knapp 50 Kilometer entfernt von Bletchley Park, hergestellt wurden. Insgesamt acht Männer und eine Frau arbeiteten nun mit den Papierstreifen an den Leuchttischen, und Joan Clarke, die einzige weibliche ›Banburistin‹, wurde zu einer der Besten. Sie war von der neuen Technik so fasziniert, dass sie sich manchmal weigerte, am Ende einer Schicht die Übergabe zu machen. Oft schien es nur durch laute Ermahnung möglich, die junge Mathematikerin vom Leuchttisch zu lösen. Sie wollte einfach weitermachen, um doch noch herauszufinden, ob einige weitere Tests ein Ergebnis bringen würden.

Die Aufgabe, die Enigma Codes zu brechen, wurde Tag für Tag dringender. Seit Mitte des Jahres 1940 hatten die Deutschen durch die Besetzung Frankreichs mit ihren U-Booten direkten Zugang zum Atlantik und dem gesamten Golf von Biskaya. Andererseits war Großbritannien immer abhängiger von Importen geworden und musste die Hälfte seiner Nahrungsmittel und den gesamten Ölbedarf einführen. Das konnte nur auf dem Seeweg von den USA aus gesichert werden, und die Schiffskonvois wurden zum Hauptziel der deutschen U-Boot-Flotte. Großbritannien befand sich in einer verzweifelten Lage. Immer mehr Schiffe wurden versenkt, die Regierung befürchtete an einem Punkt, das Land sei nur noch drei Tage von einer Hungersnot entfernt, da keine Nahrungsmittel mehr eintrafen.

Der Durchbruch gelang im Februar 1941, und dann im Juni, als Fischkutter geentert werden konnten, auf denen deutsche Chiffrierausrüstung und Codes in britische Hände gelangten. Für die kommenden zwei Jahre arbeiten Clarke und ihre Kollegen am »Banburismus«, bis im August 1943 schließlich deutlich schnellere »Bomben« gebaut werden konnten.

Der Arbeit der britischen Entschlüsselungsexperten wurde so große Bedeutung beigemessen, dass für sie eine neue Geheimhaltungsstufe eingeführt wurde, die noch über der bisher höchsten Stufe »Top Secret« lag. Unter der neuen Bezeichnung »Ultra« konnten seit Januar 1940 zunächst die von der Luftwaffe und später auch die vom Heer verschlüsselten Nachrichten während des gesamten Krieges mitgelesen werden. Es war die reichste Quelle für geheime Informationen, und sie hatte einen immensen Einfluss auf die Strategie der Alliierten. Der britische Premierminister Winston Churchill war sich rückblickend sicher, dass durch »Ultra« der Krieg gewonnen worden war.

Im Sommer 1941 bekamen die Codebrecher Besuch aus London. Churchill besuchte Bletchley Park, um sich mit den leitenden Kryptoanalytikern zu treffen. Die Existenz der staatlichen Codier- und Chiffrenschule sollte so geheim bleiben, dass der Premierminister selbst seinen Privatsekretär John Martin draußen im Wagen warten ließ und das Gelände allein betrat. Die Erfolge der Codebrecher waren so wertvoll und existenziell geworden, dass Churchill die Frauen und Männer von Bletchley Park als »Gänse, die goldene Eier legten und niemals gackerten« beschrieb.[6]

Auch »Baracke 8« besuchte der Premierminister. Dort ging der tägliche Kampf gegen den Enigma Code unvermindert weiter. Als Churchill dabei war, das Gebäude zu betreten, erblickte er das Hinterteil von Shaun Wylie, einem leitenden Kryptoanalytiker, der auf dem Boden kniete, um ein Dokument zu entziffern. Churchill drängte sich durch den Korridor, um in der nächsten Tür einen weiteren Mitarbeiter zu entdecken, der auf dem Fußboden eine riesige Menge Papier zu sortieren versuchte. Alle erhoben sich blitzschnell, als klar wurde, wer da in ihrer Baracke aufgetaucht war. Churchill schien ihnen bei seinem Besuch von Bletchley Park ein wenig perplex gewesen zu sein, auch als er das Chaos in der Hütte gesehen hatte.[7] Das klang auch in seiner kurzen Rede an, die er nach seiner Inspektion vor dem Haupthaus von Bletchley Park vor den Männern und Frauen hielt. Sie begann mit den Worten: »Wenn man Sie alle so ansieht, würde man nicht darauf kommen, dass Sie irgendetwas Geheimes wissen ...«[8]

Die Erfolge in Bletchley Park zeigten sich rasch. Immer öfter gelang es durch das Lösen der deutschen Funksprüche, die Atlantikkonvois rechtzeitig zu warnen, und diese konnten den Angriffen entgehen. Zwischen März und Juni 1941 hatten die deutschen U-Boote

---

6   Randall, Anthony, J.: Joan Clarke – The biography of a Bletchley Park Enigma, Milton Keynes (2019), S. 68.

7   Sebag-Montefiore, Hugh: Enigma. The Battle for the Code, Hoboken (2000). Der Autor erwähnt eine Anekdote von Pauline Elliot, die in »Baracke 8« gearbeitet hat und dem Autor 1998/99 Interviews gegeben hat. S. 181.

8   Sebag-Montefiore, Hugh: Enigma. The Battle for the Code, Hoboken (2000). Der Autor bezieht sich dabei auf Baroness Jean Trumpington, die unter ihrem Mädchennamen Jean Campbell Harris als Schreibkraft gearbeitet hat. S. 181.

noch 282 000 Tonnen Ladung versenkt. Ab Juli sank die Zahl auf 120 000 Tonnen und im November auf 62 000 Tonnen.[9]

Ab dem Frühjahr 1941 wurde das Verhältnis zwischen Joan Clarke und Alan Turing immer enger. Sie hatten sich bereits vor ihrem Aufeinandertreffen in Bletchley Park gekannt. Turing war ein enger Freund eines ihrer Brüder. Als Leiter der »Baracke 8« arrangierte Turing den Schichtplan so, dass er und Clarke ihre Arbeitszeit meistens zusammen verbringen konnten. Und auch an den freien Tagen sahen sich beide ständig, aus dem Arbeitsverhältnis wurde ein persönliches.

Beide teilten viele Interessen, spielten unermüdlich Schach, begeisterten sich für Botanik und strickten auch gemeinsam.[10] »Es war überraschend, als er mich fragte, ob ich ihn heiraten wolle. Aber obwohl es eine Überraschung war, zögerte ich nicht und sagte Ja. Und dann kniete er vor meinem Stuhl und küsste mich, obwohl wir nicht viel körperlichen Kontakt hatten«, erinnerte sich Clarke.[11]

Doch ihr Glück wurde schnell getrübt. Denn nur einige Tage später gestand der zweifelnde Turing ihr, sie solle nicht darauf zählen, dass die Beziehung halten würde, da er homosexuelle Tendenzen besitze.[12] Turing war sicher, dass Joan Clarke die Verbindung zu ihm sofort lösen würde. Aber sie ließ sich davon nicht abschrecken, und die Verlobung blieb bestehen – vielleicht, weil es sich für Frauen der damaligen Zeit gehörte, irgendwann verheiratet zu sein, unabhängig von sexuellen Vorlieben.

---

9   Blair, Clay: Der U-Boot Krieg – Die Jäger, 1939 – 1942, München (1998), S. 884.

10   Miller, Joe: Joan Clarke, woman who cracked Enigma cyphers with Alan Turing, BBC, 10. November 2014, URL: https://www.bbc.com/news/technology-29840653

11   BBC-Interview mit Joan Clarke, ausgestrahlt 1992, URL: https://www.bbc.com/news/av/technology-29840654

12   Eldridge, Jim: Alan Turing – Codebreaker. Scientist. Genius. Lifesaver., London (2013), S. 80.

Von außen betrachtet schien alles seinen normalen Lauf zu nehmen. Turing und Clarke stellten sich gegenseitig ihren Familien vor, Turing schenkte Clarke einen Verlobungsring, den sie allerdings nie im Dienst trug, um Nachfragen der Kolleginnen und Kollegen zu entgehen. Er berichtete ihr auch von seinem Kinderwunsch. Nach einem gemeinsamen Urlaub im Spätsommer 1941 im Norden von Wales löste Turing die Verlobung schließlich doch auf. Er war sich sicher, dass seine Homosexualität stärker sein würde als seine Liebe zu Clarke, aber beide blieben bis zum Lebensende enge Freunde. Viele Jahre, nachdem beide schon nicht mehr in Bletchley Park arbeiteten, gestand Turing in einem Brief an Clarke, dass er selbst in ihrer gemeinsamen Zeit »gelegentlich seine Homosexualität ausgelebt« habe.[13]

Nachdem sie die Enigma mit drei Walzen geknackt hatten, versuchten sich Turing und Clarke auch an der verbesserten Enigma mit vier Walzen, die seit 1941 im Einsatz war. Zehn Monate dauerte das, Mitte Dezember 1942 hatten sie es geschafft. Die Entzifferung der Nachrichten dauerte aber zunächst noch mehrere Tage, was ihren Wert schmälerte. Wenig später übernahmen schließlich US-Spezialisten die weiteren Aufgaben der Entschlüsselung. Viele Mitarbeiter wechselten von »Baracke 8« zu neuen Aufgaben. Joan Clarke blieb, wo sie begonnen hatte, und stieg Anfang 1944 zur stellvertretenden Leiterin von »Baracke 8« auf, wo sie bis Kriegsende an den deutschen Marinecodes arbeitete.

Über Clarkes kriegsentscheidende Arbeit wurde im Lauf der Jahre kaum etwas bekannt. 1947 erhielt sie die höchste Auszeichnung und wurde Trägerin des Ordens des britischen Empires. Der Kalte Krieg war bereits in vollem Gang, Clarke heiratete 1952 einen Kollegen und blieb noch viele Jahre bis zu ihrem 60. Lebensjahr 1977 bei der Nachfolgeorganisation, die aus Bletchley Park hervorging. Danach wurde

---

13 Hodges, Andrew: Alan Turing: The Enigma, Princeton (2014), S. 633.

sie bis zu ihrem Tod 1996 zu einer Expertin für schottische Münzge-schichte des Barocks und veröffentlichte darüber auch regelmäßig.

Während Clarke immer mehr in Vergessenheit geriet, blieb Turing im Zentrum der Aufmerksamkeit. 1952 wurde er wegen »grob unsittlichen Verhaltens« verurteilt, nachdem er zugegeben hatte, mit einem Mann eine Beziehung zu haben. Die Strafe war drako-nisch. Turing wurde zu einer einjährigen Hormonbehandlung mit Östrogen gezwungen, beabsichtigt war eine chemische Kastration, die ihm nicht nur körperlich zusetzte, sondern ihn auch depressiv werden ließ. Er galt als ›Sicherheitsrisiko‹ und wurde Tag und Nacht von der Polizei beschattet. Wenig später beging er, einer der bril-lantesten Wissenschaftler von Bletchley Park, Selbstmord – nach Ansicht der Polizei mit Blausäure. Gerüchte über einen Unfall oder einen Mord blieben jahrzehntelang bestehen. Turings Leistungen und sein Schicksal sind bis heute im Zentrum der Diskussion. Erst am Weihnachtsabend 2013 sprach Königin Elisabeth II. eine »König-liche Begnadigung« aus und rehabilitierte Turing.[14]

Während des gesamten Krieges waren in »Baracke 8« mehr als eine Million Marine-Funksprüche entziffert worden.[15] Das volle Ausmaß der mathematischen Leistungen von Joan Clarke bleibt bis heute im Dunkeln. Über ihre Arbeit durften die Codeknacker von Bletchley Park zunächst nicht sprechen. Das Enigma-Geheimnis blieb bis 1974 gut gehütet, manches unterliegt noch heute der Geheimhaltung. Joan Clarke mied meistens die Öffentlichkeit und gab nur wenige Inter-views. Nur selten verlor die stille Heldin über ihre große Beharrlich-keit und ihre eigene Rolle inmitten der vielen Männer und Frauen von Bletchley Park viele Worte. Es war eine Rolle, die mitentschei-dend dafür war, den Zweiten Weltkrieg um mindestens zwei Jahre zu verkürzen und tausende Menschenleben zu retten.

---

14 Davies, Caroline: Enigma Codebreaker Alan Turing receives Royal Pardon. In: The Guardian, 24. Dezember 2013.

15 Mahon, A. P.: The History of Hut 8 1939–1945, Bletchley (2009), S. 115.

Bruch im System
Marie Tharp (1920–2006)

Es konnte nicht sein, weil es nicht sein durfte. Ihr direkter Vorgesetzter wollte nichts davon wissen und dessen Chef erst recht
nicht. Doch Marie Tharp ließ sich nicht beirren. Sie sah, was sie
sah, und zog daraus ihre eigenen Schlüsse. Die widersprachen der
in der amerikanischen Geologie herrschenden Meinung. Doch die
herrschende Meinung war falsch.

Marie Tharp wurde am 30. Juli 1920 in Ypsilanti (Michigan)
geboren. Der Geburtsort war eher zufällig, denn die Tochter des
Bodengutachters William Edgar Tharp und der Deutsch- und
Lateinlehrerin Bertha Louise Tharp hätte auch an so ziemlich
jedem anderen Ort der USA geboren werden können. Sein Beruf
zwang Edgar Tharp, der sich zunächst als Lehrer versucht, hie-
ran jedoch keinen Gefallen gefunden hatte und daraufhin beim
amerikanischen Landwirtschaftsministerium einstieg,[1] ständig
umherzuziehen. Im Sommer im Norden des Landes, im Winter im
Süden – und Frau und Tochter zogen mit.

Erst 1931, als er pensioniert wurde, ließ die Familie sich dauerhaft in Bellefontaine (Ohio) nieder, wo Edgar Tharp eine Farm
gekauft hatte. Bis zu ihrem High-School-Abschluss hatte seine

---

1 Felt (2012) S. 16.

Marie Tharp

Tochter daher nach eigener Aussage rund zwei Dutzend Schulen besucht.[2]

Immerhin besuchte sie eine dieser Schulen, in Florence (Alabama), ein volles Jahr lang und diese Zeit hinterließ einen bleibenden Eindruck, denn das Interesse der jungen Schülerin an Naturwissenschaften wurde hier gestärkt. Nicht allein, dass die Schule Ausflüge in die Natur organisierte, bei denen Naturstudien betrieben wurden und von denen Marie zum Entsetzen ihrer Mutter eines Tages eine große Tasche voller Schlangenhäute und -skelette heimbrachte. Im dort angebotenen Fach »Current Science« sollte den Jugendlichen der damalige Stand der Naturwissenschaften vermittelt werden, was Marie Tharp sehr gefiel. Wobei sie freilich angesichts des optimistischen Tenors des Unterrichts den Eindruck gewann, dass die Wissenschaft bereits

---

2   Zitat aus: Tharp (2020); Felt (2012), S. 17 geht davon aus, dass es insgesamt 17 Schulen waren.

so vorangeschritten war, dass es nichts mehr zu entdecken gab.[3] Wie falsch sie damit allerdings lag, sollte sie selbst rund zwei Jahrzehnte später eindrucksvoll beweisen.

Die Schule war nicht der einzige Ort ihrer Kindheit und Jugend, an dem Grundsteine für ihre spätere Karriere gelegt wurden. Neben den Erfahrungen an der Schule in Alabama trugen dazu maßgeblich die Dienstfahrten ihres Vaters bei, der sie regelmäßig bei seinen Exkursionen aufs Land mitnahm. Schon als kleines Kind saß sie auf der Ladefläche seines Trucks, »buk Matschkuchen und fiel insgesamt lästig«, wie Tharp selbst wohl später anmerkte.[4] Was sie keineswegs daran hinderte, ihren Vater bei seiner Arbeit genau zu beobachten und die Landschaften, die sie durchstreifte, in sich aufzunehmen. Und zu lernen. »Bis ich mit der High School fertig war, hatte ich sehr viele unterschiedliche Landschaften gesehen«, schrieb sie Jahrzehnte später. »Ich hatte die Kartografie wohl im Blut, obwohl ich nicht geplant hatte, in die Fußstapfen meines Vaters zu treten.«[5] Das lag wiederum auch daran, dass sie für sich als Frau in diesem Berufszweig und eben in der Wissenschaft generell keine Chance sah.[6]

Wobei sie zunächst aber auch nicht wusste, was sie stattdessen werden sollte. Zwar hatte Tharps Vater ihr stets geraten, sich eine Tätigkeit auszusuchen, die nicht nur ihren Fähigkeiten entsprach, sondern ihr auch Freude bereitete.[7] Was das aber sein konnte, war ihr auch nach dem Schulabschluss noch nicht wirklich klar, und so ließ sie sich ein Jahr Zeit, bevor sie sich immatrikulierte, und half unterdessen ihrem seit 1936 verwitweten Vater bei der Arbeit auf der Farm.

---

3 Felt (2017), S. 32 ff., S. 32.
4 Zitat wohl von Tharp selbst, wiedergegeben bei Felt (2012), S. 27 und Felt (2017), S. 32.
5 Zitat in: Tharp (2020).
6 Vgl. Mariners Museum.
7 Tharp (2020).

1939 schließlich schrieb sie sich an der Ohio University ein und wählte zunächst Kunst als Hauptfach. Eine Wahl, die nicht von langer Dauer sein sollte, denn sie änderte in kurzen Abständen die Fachbereiche und arbeitete sich ohne größere Überzeugung durch die Fächer Musik, Deutsch, Zoologie, Paläobotanik, Philosophie und Englisch.[8] Sie spielte mit dem Gedanken, Lehrerin zu werden, wie ihre verstorbene Mutter, doch auch dafür fehlte ihr der Enthusiasmus. Das Spektrum der damals sogenannten »Frauenberufe« aber war begrenzt und sie erkannte sich in keinem davon wieder. So stand sie vor einem Dilemma: »Ich wechselte jedes Semester das Hauptfach. Ich suchte nach etwas, worin ich gut war, wofür ich bezahlt würde und was mir wirklich gefallen würde, aber damals gab es nicht viele Möglichkeiten für Frauen, außer als Lehrerin, Sekretärin oder Krankenschwester. Tippen konnte ich nicht und den Anblick von Blut ertrug ich nicht, also beschloss ich, es mit dem Lehrerberuf zu versuchen, und fing an, Pädagogik-Vorlesungen zu belegen, die mich davon überzeugten, dass mir Unterrichten nicht besonders gefiel.«[9]

An der Ohio University hörte sie aber auch erstmals Vorlesungen in Geologie und für dieses Fach konnte sie sich begeistern. Zudem lernte sie dabei den Hochschullehrer kennen, den sie später als »das Nächste an einem Mentor, was ich je hatte« bezeichnen sollte.[10] Der Dozent, Dr. Dow, erkannte ihre Liebe zur Geologie, ermutigte sie jedoch dazu, neben ihren sonstigen Studien auch technische Zeichenkurse zu belegen. Er hoffte, dass sie sich dadurch später, falls sie tatsächlich eine Beschäftigung im Bereich der Geologie anstreben sollte, eventuell wenigstens einen Bürojob würde sichern können. Eine folgenschwere Empfehlung, mit der er nicht nur ihren späteren Broterwerb ermöglichen, sondern auch die vielleicht entscheidende

---

8 Felt (2017), S. 32.
9 Tharp (2020).
10 Felt (2017), S. 32.

Grundlage für eine der bahnbrechendsten Entdeckungen der Geowissenschaften des 20. Jahrhunderts legen sollte.

Zunächst allerdings schloss Marie Tharp ihr Studium mit den
Hauptfächern Englisch und Musik und vier Nebenfächern ab. Der
Abschluss war zwar breit gefächert, aber trotzdem ein potenzieller
Freifahrtschein in die Brotlosigkeit – zumal sie die insofern noch
aussichtsreichste Option einer Lehrtätigkeit bereits abgehakt hatte.
Aus der Patsche half ihr ausgerechnet der Zweite Weltkrieg. Der
Eintritt der USA in den Krieg nach dem japanischen Überfall auf
Pearl Harbor führte nämlich dazu, dass ein großer Teil der jungen
Männer ihrer Generation beim Militär landete. Damit entstanden
am amerikanischen Arbeitsmarkt Lücken und Personalengpässe,
die es Frauen gestatteten, in zuvor dem männlichen Bevölkerungs-
anteil vorbehaltene Berufszweige vorzudringen. Was Tharp später
lakonisch mit den Worten kommentierte: »Ich hätte niemals die
Chance bekommen, Geologie zu studieren, wenn Pearl Harbor
nicht gewesen wäre.«[11]

Nun aber bot sich diese Chance tatsächlich an der University of
Michigan, die eine Art Schnellstudium der Geologie anbot. Tharp
besprach sich mit Dow, der ihr riet, sich darauf einzulassen. »Es
dauert nur zwei Jahre«, meinte er. »Wenn es dir nicht gefällt, kannst
du ja etwas anderes machen.«[12]

Dass ausgerechnet die University of Michigan nun diesen Weg
beschritt, war keineswegs selbstverständlich. Denn die renommierte Universität in Ann Arbor ermöglichte zwar einerseits
bereits seit 1914 über die sogenannten Barbour Scholarships for
Oriental Women asiatischen Studentinnen ein Studium in Michigan.[13] Andererseits war sie jedoch – wie viele andere Hochschulen

---

11 Tharp (2020).
12 Vgl. Felt (2017), S. 32.
13 Von dieser Möglichkeit profitierte auch die indische Botanikerin Janaki
     Ammal.

jener Zeit – nicht eben für ihre Frauenfreundlichkeit bekannt und gewährte noch in den 30er-Jahren ihren Studentinnen nur durch den Hintereingang Einlass in ihr neues, immerhin auch mit Spenden der weiblichen Studierenden finanziertes, Student Center.[14] Nun aber, da die männlichen Studenten weg- und die Hörsäle zunehmend leer blieben, mussten neue Wege beschritten werden, und so machte die Universität das Fach Geologie auch weiblichen Studierenden zugänglich. Die potenziellen Absolventinnen wurden dabei mit der Aussicht auf einen sicheren Job in der Ölindustrie geködert. Was bei Tharp und einigen anderen akademischen Pionierinnen offenbar verfing, denn sie wechselte nach Ann Arbor, um das beschleunigte Studium der Geologie aufzunehmen.[15] Dort hatten die etwa zehn angehenden Geologinnen dann auch rasch ihren Spitznamen weg: »PG [Petroleum Geology] Girls«. So richtig ernst nahm man sie offenbar nicht.

Trotz der werbewirksam in Aussicht gestellten Beschäftigung in der Industrie waren sich allerdings sowohl Tharp als auch ihre Dozenten darüber im Klaren, dass die Berufsaussichten für die angehenden Geologinnen alles andere als rosig waren. Spätestens wenn die Männer aus dem Krieg heimkehrten, drohte ein Verdrängungswettbewerb, den die Geologinnen im Zweifelsfall verlieren würden. Und das, obwohl die von den ersten Geologie-Absolventinnen der University of Michigan ergatterten Beschäftigungen, jedenfalls aus Marie Tharps Sicht, keineswegs sonderlich spannend waren.[16]

Bei Abschluss des Studiums stand sie daher wieder vor der Frage: Was nun? Einige ihrer Kommilitoninnen verschlug es in

---

14 Was die chinesische Physikerin Chien-Shiung Wu so empörte, dass sie u. a. deshalb ihr ursprünglich in Michigan geplantes Promotionsstudium stattdessen in Berkeley absolvierte.
15 Tharp (2020).
16 Tharp (2020).

die Mikropaläontologie, das Studium der Mikrofossilien, was ihr in keiner Weise zusagte. Sie »verbrachten ihre Tage damit, durch Mikroskope zu schauen. Das schien mir öde.«[17] Sie selbst ergatterte einen Job bei der Standard Oil Company of Indiana (Stanolind), der Vorgängerin der heutigen Amoco, der sie aber auch nicht ausfüllte. Da Frauen keine Feldforschung gestattet wurde, verbrachte sie ihre Zeit damit, im Büro Karten und Daten für ihre männlichen Kollegen zu koordinieren.[18] Also beschloss sie, nochmals die Schulbank zu drücken und in Tulsa (Oklahoma) auch noch Mathematik zu studieren.[19]

Irgendwann aber endet zwangsläufig auch die ausgedehnteste Studienzeit, und es führt kein Weg mehr am Berufsleben vorbei. Dieser Zeitpunkt war für Marie Tharp im Jahr 1948 gekommen. Noch immer auf der Suche nach einer Beschäftigung, die sie ausfüllen würde, ging sie in der Hoffnung auf eine Anstellung beim American Museum of Natural History nach New York. Doch auch diese ehrwürdige Institution mit dem Triumphbogen als Eingang verlor für sie rasch an Anziehungskraft, nachdem ein Paläontologe ihr erklärt hatte, dass es zwei Jahre dauerte, um Fossilien aus der sie umgebenden Gesteinsmatrix herauszuarbeiten. O-Ton Marie Tharp: »Ich konnte mir nicht vorstellen, derart viel Zeit für so etwas aufzuwenden.«[20] Also wieder nichts!

Stattdessen richtete sie ihr Augenmerk jetzt auf die Columbia University, bei der sie sich eine Tätigkeit in der Forschung erhoffte. Dort allerdings wartete man nicht unbedingt auf sie. Jetzt aber begannen sich ihre Zusatzqualifikationen auszuzahlen. Immerhin war sie nicht nur Geologin, sondern besaß auch einen Studienabschluss in Mathematik. Und so verwies man sie an Professor

---

17 Ebd.
18 encyclopedia.com.
19 Tharp (2020).
20 Ebd.

Maurice Ewing, genannt »Doc«. Offenbar ging man davon aus, dass der junge Geophysiker und Ozeanograf, der wenig später Gründer und erster Direktor des Lamont Geological Observatory (heute: Lamont-Doherty Earth Observatory) der Columbia University werden sollte, schon Verwendung für die Mehrfachabsolventin haben würde.

Ungünstigerweise war Doc allerdings just an dem Tag, als sie die Universität besuchte, bei einer wissenschaftlichen Exkursion auf See – wo er auch noch einige Zeit verbleiben sollte. Tharp musste sich also mehrere Wochen gedulden, ehe sie tatsächlich bei ihm vorsprechen konnte. Als sie dies tat, wusste der Forscher zunächst ebenfalls wenig mit ihr anzufangen. Dann aber kam ihm der erlösende Gedanke: Vielleicht verstand sich die junge Bewerberin ja nicht nur auf Gesteinsformationen und Zahlen, sondern auch aufs Zeichnen! Da sie eine Teilzeitstelle als Zeichnerin hatte, ließen sich ihre Kenntnisse auch auf diesem Gebiet leicht belegen.[21] Und so bekamen sie beide, was sie suchten: Er eine Zeichnerin und sie eine Stelle im Lamont Geological Observatory – dem »damaligen Ground Zero für die innovativste Forschung im Bereich der Geowissenschaften«.[22]

Ihre Aufgabe bestand vorrangig darin, Meeresbodenprofile zu zeichnen. Eine Tätigkeit, die in den frühen Nachkriegsjahren hoch im Kurs stand, da die Wissenschaft den Meeresboden, den man noch bis in die Mitte des 19. Jahrhunderts für flach und konturlos gehalten hatte, gerade erst wirklich zu entdecken begann.[23] Dass dies der Fall war, war ebenfalls eine Folge des Zweiten Weltkriegs sowie des einsetzenden Kalten Kriegs zwischen den USA und ihren

---

21 Vgl. zum Verlauf ihrer Bewerbungen in New York ebd.
22 So Blakemore, a. a. O.
23 Vgl. etwa: encyclopedia.com; marinersmuseum.org. Eine kurze Übersicht zur Erforschung des Meeresbodens bis zum Zweiten Weltkrieg liefert Felt (2012), S. 44 ff.

westlichen Verbündeten einer- und der Sowjetunion und ihren osteuropäischen Vasallenstaaten andererseits. Insbesondere der Einsatz von U-Booten machte die Topografie des Meeresbodens plötzlich zu einem Thema von militärischem Interesse.

Während des Zweiten Weltkriegs entwickelten Ewing und sein Kollege Joe Lamar Worzel im Auftrag der US-Marine an der 1930 in Woods Hole (Massachusetts) gegründeten Woods Hole Oceanographic Institution (WHOI) ein Gerät, das die Erforschung des Meeresbodens weiter voranbrachte: ein Echolot, das im Dauerbetrieb rund um die Uhr Tiefenmessungen vornehmen konnte. Oder fast rund um die Uhr. Denn auf dem Forschungsschiff »Atlantis«, einem schneeweißen Zweimaster der WHOI, schaltete sich der auch das Echolot versorgende Strom jedes Mal aus, wenn die Tür des Kühlschranks in der Kombüse geöffnet wurde. Wenn das geschah, vermerkte Tharp später, »kam kein Echo zurück und das Echolot zeichnete Tiefen auf, die so bodenlos waren wie der Appetit der Crew«.[24] Zu der Tharp selbst übrigens nie gehörte, da es Frauen untersagt war, auf den Forschungsschiffen tätig zu sein. Erst 1965 konnte Tharp an einer Forschungsreise auf See teilnehmen – allerdings auf einem Schiff der Duke University, da Ewing für Lamont weiterhin das Verbot aufrechterhielt, Frauen auf See arbeiten zu lassen.[25]

Trotz der durch Esslust bedingten Unterbrechungen kamen so zehntausende Tiefenmessungen des Nordatlantiks zusammen und Tharp und ihrer Kollegin Hester Haring fiel die Aufgabe zu, Berechnungen anzustellen und diese Daten in gezeichnete Meeresprofile, Karten des Meeresbodens, umzusetzen. Dabei arbeitete sie als Assistentin für Graduate-Studenten, die nicht nur jünger waren,

---

24 Tharp (2020).
25 Vgl. etwa Blakemore, a. a. O.; Marie Tharp, Explorer; Felt (2012), S 77 weist auf den Aberglauben hin, dass Frauen an Bord Pech bringen. Zu Heezens Verbot: encyclopedia.com

sondern auch fachlich weniger qualifiziert als sie, die bereits über einen Master-Abschluss in Geologie verfügte (und noch dazu zwei weitere akademische Grade). Von den sieben Frauen, die in Ewings Labor arbeiteten, waren sechs Akademikerinnen, doch lediglich die junge Seismologin Renee Brilliant (die wirklich so hieß) war nicht als Assistentin tätig – sie nämlich studierte noch.[26] Insgesamt war die Atmosphäre bei Lamont nicht unbedingt frauenfreundlich. Sogar die Mittagspausen verliefen getrennt: Die Männer zogen sich mit Doc zu Salami- und Käsesandwiches und Bier in einen Nebenraum zurück, während die Frauen an ihren Schreibtischen aßen.[27] Dennoch sagte Tharp die neue Arbeit zunächst zu, da sie, im Gegensatz zu ihren männlichen Kollegen, die durch Expeditionen, Unterricht und Konferenzen abgelenkt wurden, ungestört und kontinuierlich arbeiten konnte.[28]

In diese Zeit fällt auch ein besonders seltsames Kapitel in Tharps Leben: Die kurzlebige und allem Anschein nach unglückliche Ehe Tharps mit dem Violinisten David Flanagan, die – von Tharp weitgehend geheim gehalten und auch später selten erwähnt – erstaunlicherweise selbst Freunden Tharps unbekannt war und bereits 1952 wieder geschieden wurde.[29]

Da die – ehemals vom Manhattan Project, dem Atombombenforschungsprogramm der USA, genutzten – Räumlichkeiten, die Ewings Team in New York zur Verfügung standen, zunehmend beengt waren, bemühte sich der ambitionierte Professor um Abhilfe, träumte gar von einem eigenen Gebäude. Doch die Columbia University war zunächst nicht bereit, die dafür erforderlichen Gelder bereitzustellen. Erst als das Massachusetts Institute of Technology (MIT) den Forschern einen eigenen kleinen Campus anbot

---

26 Vgl. Felt (2012), S. 71 f.
27 Felt (2012), S. 74.
28 Felt (2012), S. 75.
29 Dazu Felt (2012), S. 51 ff.

und Ewing dies dem späteren US-Präsidenten Dwight D. Eisenhower – damals lediglich Präsident der Universität – berichtete, kam schließlich Bewegung in die Sache. Columbia bot ihm und seiner Gruppe nun einen Landsitz in Palisades (New York) an, den die Witwe des New Yorker Bankiers Thomas William Lamont Jr. der Universität zur Verfügung stellte. Das Lamont Geological Observatory war geboren und Marie Tharp richtete sich mit ihren Kolleginnen und Kollegen in der früheren Unternehmervilla ein.[30]

Auch dort war sie zunächst wohl nicht unzufrieden (zumal sie mit 200 Dollar im Monat mehr als doppelt so viel verdiente wie einige der Forscher, denen sie zuarbeitete) und bezeichnete das Team als »glückliche Familie«.[31] Wie die meisten Familien hatte auch diese einige seltsame Angehörige und kaum jemand entsprach dieser Beschreibung wohl besser als Laurence Kulp und die ihn umgebenden Geochemiker, die sich in den Kopf gesetzt hatten, mit Hilfe der Radiokarbondatierung den Nachweis zu führen, dass die Erde im Jahr 4004 vor unserer Zeitrechnung erschaffen worden war. Ihr kreationistischer Ansatz – der schon seit der Mitte des 19. Jahrhunderts nicht mehr dem Stand der Wissenschaft entsprach – brachte ihnen bei Lamont den scherzhaften Titel »Theochemiker« ein. Nachdem dieser Nachweis erwartbar scheiterte, wurde es nicht weniger seltsam. Denn nun verlegten sich Kulp und seine Mitarbeiter darauf, die Auswirkungen von radioaktiver Strahlung auf den menschlichen Körper zu untersuchen. Laut Tharp bekamen sie für diesen Zweck einen eigenen Anbau, hinter dem sich ein Teich befand, in dem sie die für ihre Experimente verwendeten Leichen versenkten.[32]

---

30 Zu Arbeitsbedingungen und Arbeitsweise in den ersten Jahren am neuen Standort: Felt (2012), S. 81 ff. Zur früheren Nutzung der ursprünglichen Räume durch das Manhattan Project ebd., S. 67.
31 Ebd., S. 87, S. 88.
32 Ebd., S. 85.

Doch die »glückliche Familie« war auch eine, in der manche gleicher waren als andere und den Frauen eine vor allem dienende Rolle zugewiesen wurde. Es kam daher, wie es kommen musste: Tharp fühlte sich in die Rolle eines Faktotums gedrängt und zunehmend unwohl. 1952 brach sie aus: Während Ewing und seine männlichen Mitarbeiter in Brüssel auf einer Wissenschaftskonferenz weilten, kündigte sie und kehrte auf die Farm ihres Vaters zurück. Bereits nach einigen Tagen der Reflexion bereute sie diesen Schritt allerdings, denn sie war grundsätzlich vom Wert und der Bedeutung dessen, was sie und ihre Kollegen bei Lamont leisteten, überzeugt. Den Ausweg aus ihrer unbequemen Lage eröffnete ihr schließlich Ewing selbst. Eines Morgens erhielt sie ein Telegramm aus Palisades, mit dem lakonischen Text: »Betrachte dies als einen verlängerten Urlaub. Doc.«[33]

Also kehrte sie zurück nach Upstate New York und setzte ihre Arbeit fort. Allerdings nicht mehr als Faktotum. Hatte Tharp vor ihrer Kündigung auf Zuruf jedem Forscher zuarbeiten müssen, der ihrer Unterstützung bedurfte, unterstellte Ewing sie jetzt Bruce C. Heezen, der zunächst versuchte, ihre Arbeitszeit auf die unterschiedlichen Kollegen aufzuteilen, aber rasch beschloss, dass sie ausschließlich für ihn tätig werden sollte.[34] Der aus Iowa stammende Geologe war vier Jahre jünger als sie, hatte ungefähr gleichzeitig mit ihr die Arbeit in Ewings Abteilung begonnen, kürzlich seinen Mastertitel erworben und galt als Docs besonderer Protégé.[35] Er war Ewing 1947 in Iowa City aufgefallen, als der Professor sich auf einer Vortragsreise durch die USA befand, um potenzielle Interessenten für sein Studienfach zu gewinnen. Er wurde von Doc vom Fleck weg für eine Expedition zum Mittelatlantischen Rücken engagiert. Ewing suchte händeringend Personal, denn, so Tharpes

---

33 Ebd., S. 88 ff. Zitat auf S. 91.
34 Ebd., S. 92.
35 Vgl. ebd., S. 92, 95.

Biografin Hali Felt: »Ewing … hatte jede Menge Ideen und Abenteuersinn, aber nicht genug Leute. Er musste junge Männer aus Familien rekrutieren, die es sich leisten konnten, ihre Söhne hochgeistigen Tätigkeiten gegen Niedriglohn (oder gar keine Bezahlung) nachgehen zu lassen. Wenn seine Art, die Erde zu erforschen im Wissenschaftsbetrieb Fuß fassen und auf dem Radar der breiten Öffentlichkeit auftauchen sollte, brauchte er mehr Jünger.«[36] Jüngerinnen standen in jenen Jahren – wie etwa Tharp – zwar auch bereits zur Verfügung, aber eher nicht zur Debatte.

Heezen und seine Kollegen auf der »Atlantis« waren in der Zeit zwischen 1947 und 1952 viele Male auf dem Nordatlantik unterwegs und nahmen unzählige Tiefenmessungen mit dem Echolot vor, deren Genauigkeit sich zudem verbessert hatte, nachdem das Kühlschrankproblem an Bord gelöst worden war.[37] Die »Atlantis« hatte den Atlantik zwar nie in einem Zug überquert, sondern jeweils nur bestimmte Abschnitte befahren. Miteinander verbunden ergaben die Messungen dieser diversen Abschnitte jedoch ein Bild des Meeresbodens quer über den Ozean auf sechs verschiedenen, nicht immer ganz geraden Linien, deren nördlichste von der noblen Sommerfrische-Insel Martha's Vineyard in Massachusetts bis nach Gibraltar reichte, während sich die südlichste von Recife in Brasilien bis nach Freetown im afrikanischen Sierra Leone erstreckte.

Im September 1952 übergab Heezen Tharp mehrere Kartons mit entsprechenden Aufzeichnungen auf Papierrollen, die insgesamt eine Länge von fast 1000 Metern hatten und eine Strecke von rund 100 000 Meilen abbildeten. Sein Auftrag: Sie sollte die knapp kilometerlangen Aufzeichnungen zu einer einzigen Zeichnung zusammenfassen und so ein topografisches Profil des gesamten

---

36 Ebd., S. 62 f. Zu Jugend und Studium von Bruce Heezen, ebd., S. 62 ff.
37 Vgl. ebd., S. 93.

Nordatlantiks erstellen.[38] Sie machte sich an die Arbeit, klebte mehrere Blätter Zeichenpapier aneinander und versah sie mit je sechs Diagrammlinien, deren vertikale Achsen Tiefenangaben in Nautischen Faden, einer Maßeinheit für Tiefenmessungen[39], zeigten, während die horizontalen Achsen Entfernungen in Abständen von 500 Seemeilen abbildeten. Jedes dieser Diagramme folgte einer der Überquerungslinien der »Atlantis«, die nördlichste oben, die südlichste unten. So entstanden sechs, nach Aussage Tharps »mehr oder weniger parallele«[40] Profile des Nordatlantiks von Norden nach Süden – die detaillierteste Darstellung des Meeresbodens, die es bis dahin gegeben hatte.[41]

Und dieses Profil wies auf jeder der einzelnen Linien eine Gemeinsamkeit auf, die Tharp stutzen ließ: Von Norden nach Süden zog sich eine Erhebung, die auf einen den gesamten Ozean durchziehenden Bergrücken schließen ließ. Dies wäre für sich allein zwar interessant, aber nicht aufsehenerregend gewesen. Doch es gab noch etwas anderes. Denn auf dem Scheitel des Höhenzugs zeigte sich eine charakteristische, V-förmige Vertiefung. Auch nach wiederholter Prüfung kam sie zum selben Ergebnis: »Ich stellte fest, dass sich in jedem der Profile eine tiefe Einkerbung in der Nähe des Gipfels befand.«[42] Wäre Tharp lediglich Zeichnerin gewesen, wäre ihr diese Besonderheit möglicherweise nicht aufgefallen, oder sie hätte zumindest nicht über deren Implikationen nachgedacht. Aber sie war vor allem Geologin und so konnte sie das, was sie sah, interpretieren und einordnen. Und es sah nach einer Riftzone aus, einer tektonischen Dehnungszone.

---

38 Zu Heezens Auftrag, ein topografisches Profil des Nordatlatiks zu erstellen, und Tharps Vorgehen und Methodik, ebd., S. 95, S. 96 ff.

39 1 Nautischer Faden (Englisch: fathom) entspricht nach herkömmlicher Definition 1,8288 Meter.

40 Tharp (2020).

41 Felt (2012), S. 98.

42 Vgl. Tharp (2020). Zitat von Tharp ebd., S. 99.

Die Bruchstelle in der Erdkruste, die sie entdeckt hatte, war damit quasi das genaue Gegenteil einer Sollbruchstelle, denn nach der damals in der amerikanischen Geologie herrschenden Meinung hätte es diese Dehnungszone nicht geben dürfen. Sie deutete nämlich auf etwas hin, was es vermeintlich erst recht nicht gab: Kontinentaldrift – die Bewegung und allmähliche Aufspaltung und Vereinigung der Kontinente.[43]

Der Gedanke, dass die Kontinente nicht schon immer in ihrer heutigen Form und Aufteilung bestanden und diese durch Verschiebungen der Landmassen erlangt hatten, war nicht neu. Der flämische Geograf und Kartograf Abraham Ortelius bemerkte bereits im 16. Jahrhundert, dass die Konturen der Westküste Afrikas ungefähr zu denen der Ostküste Südamerikas passten und beide daher möglicherweise einmal Teil eines einzigen, weit größeren Erdteils gewesen waren. Der Antwerpener gilt damit als erster Theoretiker der Kontinentaldrift und, daraus folgend, der Plattentektonik. Im 19. Jahrhundert fiel Geologen auf, dass Gesteinsformationen der weit voneinander entfernt liegenden Kontinente Ähnlichkeiten aufwiesen, während Paläontologen sich mit Fossilien konfrontiert sahen, die auf das Vorhandensein verwandter Arten über die Kontinente hinweg schließen ließen. Der österreichische Geologe Eduard Suess (1831–1914) postulierte schließlich Mitte des 19. Jahrhunderts, dass die heutigen Kontinente aus dem riesigen Urkontinent Gondwana entstanden waren. Als Ursache hierfür berief er sich auf die Kontraktionstheorie (die auch als Abkühlungs- oder Schrumpfungstheorie bezeichnet wird). Danach war die Erde zu Beginn heiß gewesen und kühlte sich immer weiter ab, wodurch sie schrumpfte – ähnlich einem vertrocknenden Apfel – und sich so an ihrer Oberfläche Verwerfungen und Verschiebungen bildeten.

---

43 Zum Wissenschaftsstreit des frühen und mittleren 20. Jahrhunderts zum Thema Kontinentaldrift und Plattentektonik vgl. etwa: Oreskes, a. a. O.; Hofbauer, a. a. O.

Ebenfalls auf der Kontraktionstheorie beruhte die Vorstellung des amerikanischen Geologen und Zoologen James Dwight Dana (1813–1895), der aber davon ausging, dass die Verteilung der Kontinente und Ozeane seit der Entstehung der Erde unverändert geblieben war und Veränderungen im Erscheinungsbild der Kontinente lediglich durch Veränderungen der Erdoberfläche zu erklären waren (Permanenztheorie).

Fortschritte in den Geowissenschaften führten aber im frühen 20. Jahrhundert zu Entdeckungen, die sich mit der Kontraktionstheorie nicht ausreichend erklären ließen. Es bedurfte eines neuen Denkansatzes. Und hier kam Alfred Wegener ins Spiel: In seinem 1915 erstmals erschienenen Buch »Die Entstehung der Kontinente und Ozeane« legte der deutsche Meteorologe und Geowissenschaftler erstmals seine Theorie der Kontinentalverschiebung dar. Erst nach dem Ersten Weltkrieg und dem Erscheinen einer zweiten (1920) und dritten (1923) Auflage des Buchs setzte eine intensive wissenschaftliche Diskussion der Theorie ein, die insbesondere auch in den USA auf dezidierte, teils wütende und sogar bösartige Ablehnung stieß. »Damals an die Theorie von der Kontinentaldrift zu glauben, war fast wie eine Art wissenschaftliches Ketzertum«, erinnerte sich Tharp später.[44] Geradezu legendär wurde das 1926 durch den niederländischen Juristen und Geologen Willem Anton Joseph Maria van Waterschoot van der Gracht organisierte Symposium der American Association of Petroleum Geologists (AAPG) in New York, an dessen Ende sich der niederländische Initiator als einziger Befürworter der Theorie einer geschlossenen Front von Gegnern gegenüber sah. Für diese virulente Ablehnung gab es eine Anzahl von Gründen, die Tharps Biografin, Hali Felt, auf einen gemeinsamen Nenner bringt: Der offene Geist Wegeners stieß auf die Engstirnigkeit der breiteren Wissenschaftscommunity. Für diese Engstirnigkeit wiederum sieht Felt einen recht banalen Grund, der

---

44 Tharp (2020).

in der Aussage eines anonymen Geologen seinen Ausdruck findet: »Um Wegeners Hypothese Glauben schenken zu können, müssen wir alles vergessen, was wir in den letzten 70 Jahren gelernt haben und wieder bei null beginnen.« Dieser unerwünschten Konsequenz konnte man freilich vorerst noch relativ leicht ausweichen, denn der Beweis für Wegeners Theorie fehlte einstweilen noch. Oder, wie es wiederum Felt ausdrückt: »Alles in allem musste Wegeners Theorie der Kontinentaldrift noch darauf warten, dass ein in Ypsilanti geborenes amerikanisches Mädchen erwachsen wurde …«[45]

Denn tatsächlich stach Tharp mit ihrer Entdeckung (und den daraus korrekterweise gezogenen Schlussfolgerungen) genau in dieses wissenschaftliche Wespennest. Entsprechend ablehnend fiel daher auch die Reaktion von Bruce Heezen aus. Tharp und er gerieten sich in die Haare. Wenn die Argumente ausgehen, dient kategorisches Leugnen manchmal als Ausweg. So auch bei Heezen: »Das kann nicht sein!«, beschied der junge Wissenschaftler seine Kollegin. »Das sieht viel zu sehr nach Kontinentaldrift aus.« Doch Tharp ließ sich nicht beirren und so flüchtete sich Heezen in Herablassung. Ganz und gar nicht wohlmeinend stellte er den Begriff der »weiblichen Intuition« in den Raum. Ein Wort ergab das andere und am Ende ließ Heezen sich dazu hinreißen, Tharps Darlegungen als »Girl Talk« abzuqualifizieren. Als ihr Vorgesetzter hatte er im Übrigen das letzte Wort. Und das lautete vorerst: »Fang noch mal von vorne an!«[46]

---

45 Vgl. Felt (2012), S. 24. Zitate ebd., S. 25, S. 26.
46 Ebd., S. 99, S. 101. Kurioserweise bringt Tharp in ihrer Darstellung der Ereignisse in Tharp (2020) den Spruch Heezens, wonach ein Irrtum vorliegen müsse, weil es »zu sehr nach Kontinentaldrift« aussehe, im Zusammenhang mit ihrer ersten Karte, wohingegen sie in einem Zitat aus ihrer unvollendeten Autobiografie (bei Felt [2012], S. 107) Heezens Äußerung erst im Zusammenhang mit der späteren Entdeckung seismischer Aktivität entlang des Grabenbruchs wiedergibt.

Das allerdings sollte ihm in diesem Fall auch nicht weiterhelfen. Denn erstens ließ Tharp sich das Denken nicht verbieten. »Ich hielt den Grabenbruch für real und suchte weiterhin danach in allen Daten, an die ich herankam. Wenn es so etwas wie Kontinentaldrift gab, schien es logisch, dass so etwas wie ein Grabenbruch in der Ozeanmitte dabei eine Rolle spielen würde.«[47] Zudem sah auch das zweite von Tharp erstellte Meeresbodenprofil nicht anders aus als das ursprüngliche: Die Einkerbung auf dem Höhenrücken war immer noch da. Und drittens passierte, während sie noch an der Neufassung arbeitete, etwas, was ihre Ansicht untermauerte.

Bruce Heezen hatte sich in seiner Master-These mit dem Bruch von unter Wasser verlegten Telefonkabeln während des unterseeischen Neufundlandbank-Erdbebens im Jahr 1929 beschäftigt. Dadurch war er den Bell Telephone Laboratories aufgefallen, die sich im Hinblick auf die Planung eines transatlantischen Telefonkabels dafür interessierten, warum und wo die Kabel brachen, um die gefährdeten Stellen bei der Verlegung der künftigen Leitung zu umgehen. Doc Ewing, stets auf der Suche nach Drittmitteln, ging daher einen Vertrag mit den Kollegen aus der Industrie ein, der genug Geld einbrachte, um einen Teil von Heezens Gehalt abzudecken. Mit Hilfe des tauben Absolventen der Kunsthochschule Boston, Howard Foster, der über Verbindungen zum Lamont-Team gestoßen war und dessen Gehalt von seinem Vater, einem wohlhabenden Ozeanografen bei der WHOI, gezahlt wurde, erstellte Heezen jetzt eine Übersicht der Epizentren im Nordatlantik. Er beschloss, die entsprechenden Karten im selben Maßstab zeichnen zu lassen wie diejenigen, an denen Tharp arbeitete. Die Gleichheit des Maßstabs ermöglichte es, die Karten auf einem Lichttisch übereinander zu legen. Als dies geschah, zeigte sich sehr deutlich: Die Epizentren der Erdbeben befanden sich allesamt auf der Linie des inmitten des Bergrückens gelegenen Tals. »Inzwischen war

---

47 Tharp (2020).

ich sicher, dass der Grabenbruch tatsächlich existierte«, erinnerte sich Tharp später. »Bruce blieb weiterhin skeptisch. Erst Mitte 1953, etwa acht Monate nachdem ich die ersten sechs Profile erstellt hatte, akzeptierte er die Idee.«[48] Wem die Deckung zwischen Epizentren und Hochtal als Erstes aufgefallen war, bleibt dabei ungeklärt, da sich die Darstellungen von Heezen und Tharp und sogar diejenigen von Tharp selbst in diesem Punkt widersprachen. Es spricht jedoch, wie Felt hervorhebt, vieles dafür, dass auch in dieser Hinsicht Tharp ihrem Vorgesetzten eine Nasenlänge voraus war.[49]

Dessen Skepsis blieb jedoch schwer zu überwinden. Es bedurfte einer weiteren Entdeckung, um ihn einigermaßen zu überzeugen. Und auch diese ergab sich praktischerweise aus der Arbeit von Tharp und Heezen selbst. Mittlerweile nämlich hatten die beiden mit der Arbeit an einer Karte des Meeresbodens des Nordatlantiks begonnen, die nach der physiografischen Methode erstellt werden sollte. Anders als topografische Karten vermitteln physiografische Darstellungen des Terrains den Eindruck, als schaue der Betracht-ende von schräg oben auf die Landschaft. Diese Darstellung ist nicht nur anschaulicher, sie bot Tharp und Heezen auch noch den Vorteil, dass sie, anders als topografische Darstellungen mit präzi-sen Tiefenangaben, uneingeschränkt veröffentlichungsfähig waren. In Zeiten des Kalten Krieges nämlich wollte die US-Regierung genaue geografische Daten, die für den Einsatz von U-Booten von besonderer Relevanz sein konnten, geheim halten.[50]

Bei der Erarbeitung der Karte konnten sie sich inzwischen unter anderem auch auf zuverlässigere Messungen stützen, die die »Vema«, das neue Forschungsschiff der Lamont Laboratories, lie-ferte. Zudem nutzten sie alle Daten, deren sie ansonsten habhaft

---

48 Zitate bei Tharp (2020). Zur Kooperation mit Bell und Howard Foster s. ebd. sowie ausführlicher bei Felt (2012), S. 102 ff.
49 Vgl. Felt (2012), S. 106 ff.
50 Vgl. ebd., S. 108.

werden konnten, so etwa auch diejenigen, die das deutsche Forschungsschiff »Meteor« in den Jahren 1925–1927 gesammelt hatte. Dennoch aber blieb das Bild unvollständig und die Darstellung wies zahlreiche weiße Flecken auf.

Um zumindest den Verlauf des Mittelatlantischen Rückens (und damit nach ihrer Annahme auch des Grabenbruchs) nachzuzeichnen, verfiel Tharp auf eine geniale Lösung. Da der Zusammenhang zwischen den Epizentren von Erdbeben und dem bisher dargestellten Grabenbruch feststand, konnte man anhand der aufgezeichneten seismischen Daten den Rücken auch in Gebieten nachverfolgen, für die es keine Tiefenmessungen gab. Heezen war von dem Ansatz nicht gänzlich überzeugt, doch Tharp fuhr unverdrossen fort zu extrapolieren, und das Ergebnis ihrer Arbeit war verblüffend: Die Kette der Erdbeben erstreckte sich bis in den Südatlantik und umrundete die Südspitze Afrikas, um sich dem Verlauf der inzwischen auch dort entdeckten unterseeischen Bergrücken im Indischen Ozean, dem Arabischen Meer und dem Golf von Aden folgend fortzusetzen und mit dem auf dem afrikanischen Kontinent gelegenen Ostafrikanischen Graben (seinerseits ein Teil des Großen Afrikanischen Grabenbruchs, Great Rift Valley) zu vereinigen. Nun dämmerte auch Heezen allmählich, dass Tharp nicht bloß »geschwätzt« hatte.[51]

Viele Wissenschaftler blieben allerdings skeptisch. So auch Doc Ewing. Es war daher auch keineswegs so, dass das Lamont Observatory die Entdeckung sofort landauf, landab verkünden ließ. Vielmehr tasteten sich Heezen und Ewing einige Jahre lang in Vorträgen vorsichtig an das Thema heran. Erst 1956 erschien ein Buchbeitrag unter dem Titel »Some Problems of Antarctic Submarine Geology«.[52] Als Ko-Autoren des Aufsatzes fungierten Ewing

---

51 Zur Entstehung der Karte und den genutzten Daten siehe Tharp (2020); Felt (2012), S. 108 ff.
52 Ewing/Heezen, a. a. O.

(als Erstautor) und Heezen, während Marie Tharp unerwähnt blieb. Immer noch relativ zurückhaltend beschrieben die Autoren den Mittelatlantischen Rücken und die Übereinstimmung zwischen dessen Verlauf und den erkannten Epizentren.[53]

Aber jetzt war die Katze aus dem Sack. Im Februar 1957 erschien in der *New York Times* ein Artikel unter der reißerischen Überschrift »Crack in World is Found at Sea«.[54] Auch hier wurden nur Ewing und Heezen zitiert, der Beitrag Marie Tharps wird aber immerhin am Rande erwähnt: »Fräulein Marie Tharp, Kartografin am Lamont Observatory, hatte bemerkt, dass die Lage einer großen Zahl von Erdbeben im Nord- und Südatlantik in den letzten 40 Jahren genau mit dem dortigen großen Graben zusammenfiel.« Da diese Darstellung offenbar unwidersprochen blieb, dürfte sie einen weiteren Beleg dafür liefern, dass es in der Tat Marie Tharp war, die den Zusammenhang entdeckte und die entsprechenden Schlussfolgerungen zog, und nicht etwa, wie von ihm später dargestellt, Heezen.

Bemerkenswerterweise wird Heezen in diesem Artikel auch mit der Aussage zitiert, dass der Verlauf des Grabens die Theorie von der Kontinentaldrift eher schwäche. Aber zumindest an der Existenz des Grabenbruchs ließ er keinen Zweifel. Doch während die nicht fachkundige Leserschaft der *New York Times* sich von der Nachricht nachhaltig beeindrucken ließ und Heezen sich genötigt sah, mit beruhigenden Worten auf besorgte Zuschriften zu reagieren (»Ich glaube, dass Sie keinen Grund zu unmittelbarer Sorge haben. Es scheint, dass die Erde bereits seit Langem ›aus den Nähten platzt‹ … Eine Bewegung von einigen Zoll pro Jahr gilt dabei als sehr schnell.«)[55], blieben die Fachkollegen in ihrer Reaktion verhalten: »Die Reaktion in der Wissenschaftscommunity reichte

---

53 Zur vorsichtigen Informationspolitik des Lamont Observatory siehe Felt (2012), S. 113 f.
54 Freeman, New York Times, 1. Februar 1957.
55 Felt (2012), S. 115.

von Erstaunen über Skepsis bis zu Hohn.«[56] Die von Tharp erstellte Karte wurde sogar als »ein Haufen Lügen« bezeichnet.[57] Doch der Zug war nicht mehr aufzuhalten. Bereits 1957 rief Harry Hammond Hess, Vorsitzender der geologischen Fakultät der Universität Princeton, nach einem Vortrag von Heezen aus: »Junger Mann, Sie haben die Grundfesten der Geologie erschüttert!«[58]

Nicht alle Geowissenschaftler ließen sich so rasch überzeugen wie Hess, der einer der führenden Experten für Plattentektonik werden sollte. Ein Aha-Erlebnis der besonderen Art für viele lieferte allerdings Jacques Cousteau beim Ersten International Ocean Congress (IOC) 1959 in New York. Der französische Meeresforscher hatte selbst nicht an den Grabenbruch geglaubt und sich daher vorgenommen, bei der Überfahrt nach New York mit dem Team seines Forschungsschiffs »Calypso« an den entsprechenden Stellen zu filmen und so den Beweis zu erbringen, dass die Theorie falsch war. Doch das Gegenteil geschah: Die Unterwasseraufnahmen, die er auf der Konferenz zeigte, belegten eindeutig die Existenz des »Risses« im Meeresboden. Viele der anwesenden Forscher und Forscherinnen waren gebannt. Und es war weitere Bewegung in die wissenschaftliche Diskussion gekommen. Felt fasst die Wirkung der Cousteau'schen Filmvorführung wie folgt zusammen: »Cousteaus Film war ein Argument für Maries Karte und Maries Karte war ein Argument für ihre Überzeugung. Die Platten der Erde waren in Bewegung und auch wenn sie nicht wusste, warum oder wie, wusste sie doch, dass die Männer um sie herum etwas aufzuholen hatten.«[59] Das sollte in den folgenden Jahren rasch geschehen. Bereits Ende der 60er-Jahre gab es in der Wissenschaft keine ernstzunehmenden Zweifel mehr an der Plattentektonik.

---

56 Tharp (2020).
57 Felt (2017), S. 33.
58 Zitat u. a. bei Felt (2012), S. 119.
59 Zu Cousteaus Auftritt beim IOC s. Felt (2012), S. 128 ff. Zitat ebd., S. 130.

Marie Tharp und Bruce Heezen waren unterdessen zu einem echten Team zusammengewachsen. Auch wenn es immer wieder zu Querelen kam, die durchaus mit Wortwechseln erheblicher Lautstärke und sogar fliegendem Büroinventar ausgetragen werden konnten (letzteres von Seiten Tharps)[60], arbeiteten sie bis zu Heezens frühem Tod erfolgreich zusammen. Auch privat waren sie einander eng verbunden. Wie eng, bleibt Spekulation. Sie heirateten nicht und zogen niemals zusammen. Doch vieles deutete darauf hin, dass die Beziehung über eine rein berufliche oder auch freundschaftliche Verbindung hinausging. Als Heezen 1977 verstarb, erbte Tharp die Hälfte seines Vermögens, darunter sein Haus, kümmerte sich um seinen Nachlass und blieb bis ans Lebensende Sachwalterin seiner Interessen. Felt, die die Frage insgesamt offenlässt, merkt an: »Sie war nicht mit Bruce verheiratet, aber die Menschen, die ihr Beileid ausdrückten, sprachen sie an, als wäre sie es gewesen: Mit dem Tod von Bruce war sie zur Witwe geworden.«[61]

Zuvor schon hatten sie einander in schwierigen Lebensphasen unterstützt. Und davon gab es einige: Anfang Januar 1959 starb Tharps Vater. Noch im selben Monat brannte ihr Wohnhaus ab. Anders als drei ältere Bewohnerinnen, die im Haus umkamen, überlebte Tharp das Inferno körperlich unversehrt. Sie verlor aber fast ihren gesamten Besitz. Heezen erlitt im Sommer desselben Jahres seinen ersten Herzinfarkt, nachdem auch sein Vater wenige Wochen zuvor verstorben war. Tharp erkrankte 1965 an Magenkrebs, von dem sie sich aber vollkommen erholte. Zudem waren die 60er- und 70er-Jahre geprägt von einem Kleinkrieg zwischen Heezen und Ewing, in dem Tharp sich auf Heezens Seite stellte (auch wenn sie später anerkannte: »Die Geschichte hat zwei Seiten.«)[62] und

---

60 Felt (2012), S. 117.
61 Felt (2012), S. 243; zur Frage der Natur der Beziehung ausführlicher ebd., S. 110 ff.
62 Tharp (2020).

damit ihre eigene Karriere aufs Spiel setzte. Die Unstimmigkeiten nahmen ihren Ausgang möglicherweise von fachlichen Differenzen zwischen Heezen und Ewing, aber auch von wissenschaftlichen Eifersüchteleien. Schließlich entwickelte sich ein Machtkampf, den Tharp als »The Harrassment« bezeichnete, in dem beide Seiten sich als kleinlich und inkonziliant erwiesen und der erst 1972 mit dem Wechsel Ewings an die University of Texas endete.[63]

Trotz aller Widrigkeiten aber realisierten Tharp und Heezen gemeinsam zahlreiche, teils bahnbrechende Projekte. Die Geological Society of America veröffentlichte 1959, im Rahmen ihrer Special-Papers-Serie, den Band »The Floors of the Oceans – I. The North Atlantic«.[64] Die Monografie, als deren Autoren (in dieser Reihenfolge) Heezen, Tharp und Ewing aufgeführt waren, enthielt ihre Karte sowie zahlreiche weitere Diagramme und Ansichten zum Thema. 1961 erschien ihre Karte des Südatlantiks, drei Jahre später, im Zusammenhang mit der International Indian Ocean Expedition (IIOE), einer groß angelegten, mehrjährigen internationalen Aktion zur Erforschung des drittgrößten Ozeans, eine Karte des Indischen Ozeans. Zwar hatte sich die Lage zwischen Ewing und Heezen inzwischen so weit zugespitzt, dass der Direktor seinem unliebsamen (aber – anders als Tharp, die vor die Tür gesetzt wurde – auch unkündbaren) Mitarbeiter die Fahrt auf institutseigenen Schiffen und die Nutzung der Lamont zur Verfügung stehenden Daten verweigerte. Doch Heezen hatte andere Optionen, arbeitete mit anderen Instituten zusammen und nutzte sogar Tiefenmessungen sowjetischer Wissenschaftler.[65]

Aus diesem Projekt ergab sich wiederum das Nächste: *National Geographic* nahm die Expedition zum Anlass, einen Artikel über den Indischen Ozean zu bringen, der durch eine Panoramakarte

---

63 Vgl. hierzu etwa Felt (2012), S. 141, 165 ff., 189 ff.
64 Heezen/Tharp/Ewing, a. a. O.
65 Tharp (2020).

ergänzt werden sollte. Dafür engagierte die Zeitschrift den öster-
reichischen Grafiker Heinrich C. Berann, der unter anderem mit
Alpenpanoramen hervorgetreten war. Tharp und Heezen wurden
dem Österreicher von der National Geographic Society als Berater
an die Seite gestellt. So begann eine langjährige, fruchtbare Kooperation, deren erstes Ergebnis, die Karte des Meeresbodens des Indischen Ozeans, 1967 publiziert wurde. Ihr folgten entsprechende
Ansichten der anderen Weltmeere, deren letzte das Südpolarmeer
darstellte und 1975 realisiert wurde.[66]

Berann war es dann auch, mit dem Tharp und Heezen ihre letzte
große gemeinsame kartografische Aktion starteten: Eine Meeres-
boden-Panoramakarte der gesamten Erde. Ein anspruchsvolles
Unterfangen, das mit ständig neuen Daten unterfüttert wurde,
wobei Heezen nun auch von der Möglichkeit profitierte, von
U-Booten der US Navy aus einen direkten Blick auf den Meeresboden zu werfen. An Bord eines solchen Fahrzeugs, des Atom-U-
Boots NR-1, verstarb Heezen am 21. Juni 1977 an einem Herzinfarkt.
Marie Tharp und er befanden sich auf einer Expedition in der
Nähe von Island, wobei sie nicht in dem Unterseeboot mitfuhr,
sondern sich zum Zeitpunkt seines Todes nicht weit entfernt auf
dem Forschungsschiff »Discovery« aufhielt. Heezen erlebte die
Vollendung des großen Meeresbodenpanoramas nicht mehr, da es
erst 1978 erschien. Die ebenso dekorative wie informative Karte
gilt bis heute als Klassiker und ein Exemplar wurde 1995 in der
Library of Congress in Washington D. C. ausgestellt, in der auch
der Nachlass von Heezen und Tharp, die Heezen-Tharp-Sammlung, bewahrt wird.[67]

---

66 Zur Zusammenarbeit mit Berann s. etwa: Tharp (2020); Felt (2012),
S. 168 ff.

67 Vgl. Tharp (2020). Zur Zusammenarbeit mit der Library of Congress vgl.
Felt (2012), S. 176 ff. Online-Katalog der Sammlung, URL: https://findin-
gaids.loc.gov/db/search/xq/searchMferDsc04.xq?_id=loc.gmd.eadgmd.
gm017012&_start=1&_lines=125

Marie Tharp überlebte Bruce Heezen um fast 30 Jahre. Heezen hatte nach Jahren der Zusammenarbeit ihre Bedeutung erkannt und sah sie als ebenbürtige Partnerin, wie unter anderem aus einem Zitat von 1975 hervorgeht: »Wie die Leute sich den Meeresboden vorstellen, wie die meisten Wissenschaftler und die meisten informierten Laien ihn sich vorstellen, entspricht der Vorstellung, die Marie sich davon macht.«[68] Auch in Fachkreisen hatte sie sich einen gewissen Ruf erworben. 1978 wurde ihr und (posthum) Heezen gemeinsam die Hubbard-Medaille der National Geographic Society verliehen. Weitere Ehrungen sollten noch zu ihren Lebzeiten folgen, darunter die Ausstellung ihrer Karte in der Library of Congress, deren Philip Lee Phillips Society sie zudem zu einer der vier bedeutendsten Kartografinnen des 20. Jahrhunderts erklärte.[69] Und dennoch sahen andere sie wohl eher als Anhängsel ihres verstorbenen Partners. Tharp war beispielsweise davon ausgegangen, dass sie die von ihr und Heezen begonnenen Arbeiten bei der Aktualisierung der General Bathymetric Charts of the Oceans (GEBCO) fortsetzen würde. Dabei handelte es sich um eine von der gleichnamigen internationalen Organisation[70] erstellte, immer wieder aktualisierte Serie von Karten, an deren Erstellung auch Heezen und Tharp beteiligt waren. Doch nach Heezens Tod wurde Marie Tharp, obgleich sie ihre Verfügbarkeit signalisierte, aus den weiteren Arbeiten in diesem Rahmen herausgedrängt. Eine von den beiden angedachte Aktualisierung des globalen Meeresbodenpanoramas kam ebenfalls nie zustande, da das Office of Naval Research 1978 die finanzielle Förderung des Lamont Observatory einstellte und auch sonst keine Mittel hierfür eingeworben werden konnten. Denn, so

---

68 Zitat bei Felt (2012), S. 117.

69 Die Philip Lee Phillips Society Map Society ist ein Fundraising-Verein, der Mittel für die Geography and Map Division der Library of Congress akquirieren soll. Zur Ehrung Tharps, s. Felt (2012), S. 279 f.

70 Näheres auf URL: https://www.gebco.net/

Hali Felt, es »war niemand bereit, viel Geld auf eine ›Bruce-lose‹ Marie zu setzen«.[71]

Für Tharp ein herber Schlag. Zwar verfolgte sie nach dem Tod ihres Partners auch eigene Projekte. Dazu gehörten etwa ein Kartenhandel, einige Fachartikel, eine neue Karte der seismischen Aktivitäten in den Weltmeeren und ein geplantes Buch unter dem Titel »Mapping the Ocean Floor: 1947–1977« (von dem, nach massiver redaktioneller Überarbeitung durch die Herausgeber, gerade einmal 20 Seiten in einem Gedenkband für Bruce Heezen übrig blieben).[72] Vor allem aber sah sie ihre Aufgabe maßgeblich darin, »die Projekte von Bruce zu vollenden und Geld dafür zu finden, die Projekte von Bruce fortzuführen«. Auch wenn dies nicht immer gelang, verwendete sie doch viel der ihr verbliebenen Lebenszeit, zumal nach der nicht ganz freiwilligen Frühpensionierung im Jahr 1982, auf das, was sie ihr »Bruce-Projekt« nannte: Die Verwaltung und würdige Erhaltung seines Nachlasses.[73] Wobei ihre Biografin darin nicht allein den Versuch sieht, Heezen gerecht zu werden. »Es ist wahr, dass Marie sich in dem Bemühen, die Erinnerung an Bruce wachzuhalten, verzehrt hat, aber sie verbrachte auch viel Zeit damit, die ganze Geschichte ihrer gemeinsamen Arbeit zu erzählen – was die Erklärung ihres Beitrags miteinschloss … Indem sie Bruces Leben kuratierte, kuratierte sie auch ihr eigenes.«[74]

Denn Marie Tharp selbst, die am 23. August 2006 in Nyack (New York) an Lungenkrebs starb, war sich der Bedeutung des von ihr und Heezen gemeinsam Geleisteten durchaus bewusst. Der ehemalige Leiter des nationalen Kartenprogramms des US Geological Survey, Gary North, schwärmte Jahrzehnte später und angesichts

---

71 Felt (2012), S. 244–246; 254 f., Zitat: S. 255.
72 Ebd., S. 260.
73 Zu Tharps eigenen Projekten vgl. etwa Felt (2012), S. 257 ff. Zur Frühpensionierung ebd., S. 261; Zitat ebd., S. 254. Zum »Bruce-Projekt« ebd., S. 266 ff.
74 Ebd., S. 282.

zahlloser technologischer Fortschritte: »Es ist absolut bemerkenswert, das, was sie gemacht haben, mit dem zu vergleichen, was man heute sehen kann. Sie lagen komplett richtig.«[75] Ohne falsche Bescheidenheit schrieb Tharp selbst: »Ich denke, unsere Karten haben zu einer Revolution im geologischen Denken beigetragen, die in mancher Hinsicht der kopernikanischen Wende vergleichbar ist.«[76] Dass Tharp dabei oft im Schatten ihres Partners stand, sah sie, zumindest im Alter, gelassen: »Ich habe während des größten Teils meiner Karriere als Wissenschaftlerin im Hintergrund gearbeitet, aber ich hege absolut keinen Groll. Ich dachte, dass ich Glück hatte, einen Job zu haben, der so interessant war. Den Nachweis des Grabenbruchs und des mittelozeanischen Rückens zu erbringen, der sich 40 000 Meilen rund um die Welt erstreckt – das war etwas Wichtiges. Das konnte man nur einmal machen. Etwas Größeres kannst du nicht finden, jedenfalls nicht auf diesem Planeten.«[77] Und dennoch hallt die Frage der amerikanischen Historikerin Judith Tyner nach: »Können Sie sich vorstellen, welche beruflichen Höhen sie erklommen hätte, wäre sie ein Mann gewesen?«[78]

---

75 Zitat bei: Evans, a. a. O.
76 Tharp (2020).
77 Ebd.
78 Zitat in: Granger.

Die Frau mit dem goldenen Faden
Stephanie L. Kwolek (1923–2014)

Raymond T. Johnson war ein erfahrener Polizeibeamter. Als er am 23. Dezember 1975 in der Schlange eines Lebensmittelgeschäfts in Seattle stand, änderte sich sein Leben innerhalb weniger Sekunden. Ein Räuber schrie: »Überfall!«, zog eine Pistole und forderte Geld vom Besitzer hinter der Ladentheke. Johnson zögerte keine Sekunde und packte den Mann an den Schultern, um den Raub zu verhindern. Während des Kampfes mit dem Täter wurde er aus nächster Nähe mit einer Pistole Kaliber .38 angeschossen. Johnson gelang es gerade noch, dem Täter seine Sturmhaube herunterzureißen, bevor dieser die Flucht ergriff. Johnson überlebte mit schweren Handverletzungen und Prellungen. Er war einer der ersten Polizeibeamten, die durch eine neue Generation von Schutzwesten gerettet werden konnten. Johnson brauchte lange, um sich ins Leben zurückzukämpfen, aber er konnte seinen Dienst wieder aufnehmen und beendete seine Polizeikarriere wie geplant. Während der einjährigen Testphase mit den Westen überlebten außer Johnson 17 weitere US-Beamte Angriffe auf ihr Leben. Sie alle verdankten ihr Leben einer Frau, die eine rein zufällige Entdeckung gemacht hatte.

Als Stephanie Louise Kwolek 1965 bei der Firma DuPont als Chemikerin im sogenannten Experimentallabor in Wilmington im US-Bundesstaat Delaware forschte, hatte sie einen klaren Auftrag. Zusammen mit den anderen Mitgliedern ihrer Forschungsgruppe sollte sie ein neues und leichteres Material für Autoreifen

Stephanie L. Kwolek

entwickeln, die bisher noch mit Stahl verstärkt wurden. Dadurch sollte der Benzinverbrauch gesenkt werden. Die Forscher entwickelten verschiedene Rezepturen, Grundlage dafür war der Kunststoff Nylon, der im Allgemeinen aus Polymerkristallen bei über 200° C gesponnen wurde.

Immer wieder hatte Kwolek versucht, Stränge von Molekülen auf Kohlenstoffbasis zu manipulieren, um größere Moleküle herzustellen, sogenannte Polymere. Irgendwann hatte sie Schwierigkeiten, ein festes Polymer in flüssige Form umzuwandeln, als sie an der Kondensation dieser Kristalle bei Raumtemperatur arbeitete. Anstelle der von ihr erhofften klaren, sirupartigen Flüssigkeit war die Lösung dünn und buttermilchähnlich geworden und unterschied sich von allem, was die Forschungsgruppe bisher hergestellt hatte. Doch sie war neugierig und wollte dennoch testen lassen, ob sich aus ihrer Mischung eine Faser spinnen ließe.

Als seine Kollegin mit dem Glaskolben zu ihm kam, war der Labor-Techniker sprachlos. Was Kwolek ihm entgegenstreckte, ließ ihn das Schlimmste befürchten. Viele Versuche hatten sie gemeinsam in den letzten sechs Monaten unternommen. Um Fasern daraus zu gewinnen, wurden die verschiedenen Flüssigkeiten in eine Spinnmaschine gefüllt. Der Techniker schüttelte den Kopf, als er die trübe Flüssigkeit sah. Er fürchtete, die neue Rezeptur könnte die haarfeinen Düsen seiner Spinnmaschine verkleben. Auch Kwoleks Kollegen hatten ihr davon abgeraten, es mit diesem Gemisch überhaupt zu probieren. Aber die 1,49 Meter große Forscherin mit dem Pagenkopf duldete keinen Widerspruch und redete so lange auf den Mann an der Maschine ein, bis er schließlich entnervt nachgab.

Die Flüssigkeit schoss in die Maschine, die Zentrifuge nahm Fahrt auf und drehte sich immer schneller, dadurch wurde das flüssige Lösungsmittel entfernt. Plötzlich floss durch die Düsen ein zuvor noch nie gesehener Stoff aus goldgelben Fasern, der als eine der großen Erfindungen des 20. Jahrhunderts gilt, das Leben von Millionen Menschen veränderte und manchem, wie dem Polizisten Raymond T. Johnson, sogar das Leben rettete.

Kwolek analysierte das Ergebnis blitzschnell und beobachtete, dass sich die Moleküle des Polymers nach dem Spinnen parallel aneinandergereiht hatten und beim Abkühlen eine Faser von hoher Zähigkeit bildeten.

In den bisherigen Experimenten hatten sich die stäbchenartigen Moleküle zu Bündeln geformt. In jedem dieser Bündel lagen sie parallel zueinander. Das Problem aber war, dass sich die Bündel zusammen zu einem Wirrwarr formierten und in verschiedene Richtungen strebten. Nachdem aber Kwoleks Mischung durch die Spinndüse gepresst worden war, zeigten sie plötzlich alle in dieselbe Richtung. Das sorgte dafür, dass die entstandene Faser sehr stark und steif war. »Es war ein glücklicher Zufall«, erinnerte sich Kwolek später an diesen Tag im Labor.[1] Was der damals 42-Jährigen in diesem Moment gelungen war, war ihr sofort bewusst.

---

1 Langer, Emily: Stephanie Kwolek dies at 90; chemist created Kevlar fiber used in bullet-resistant gear. In: Washington Post, 20. Juni 2014.

Das Ergebnis war spektakulär. Die neue Faser brach nicht, so wie Nylon, der neue Kunststoff war extrem zäh und haltbar. »Die Steifigkeit war absolut spektakulär«, erinnerte sich Kwolek. »Das war der Moment, als ich nur ›Aha‹ sagte. Ich wusste sofort, dass das eine wichtige Entdeckung war. Ich schrie nicht ›Heureka!‹. Aber ich freute mich sehr – genau wie das gesamte Labor. Und die Firmenchefs freuten sich, weil sie nach etwas Neuem, etwas Anderem gesucht hatten. Und das war es.«[2] Die junge Chemikerin hatte eine aromatische Polyamidfaser erzeugt, die fünfmal so stark wie Stahl war, außerdem war sie sehr leicht sowie hitze- und säurefest. Zunächst hieß der Stoff firmenintern nur »Faser B«, unter seinem Markennamen ist er inzwischen in aller Welt bekannt: Kevlar.

Stephanie Kwolek kam am 31. Juli 1923 in New Kensington, Pennsylvania, auf die Welt. Ihr Vater arbeitete in einer Gießerei und war begeisterter Naturliebhaber. Er starb, als sie zehn Jahre alt war, vermittelte ihr aber eine große Begeisterung für Wissenschaft. Von ihrer Mutter, einer Schneiderin, bekam sie das Interesse für Stoffe und Design mit. Ursprünglich wollte die junge Stephanie in der Textilindustrie arbeiten, aber ihre Mutter hielt das für eine schlechte Idee. Sie war der Ansicht, dass Stephanie eine viel zu große Perfektionistin war, um in der Modebranche irgendetwas werden zu können. Und so entschied sich Stephanie für die Medizin und wollte Ärztin werden. Doch die finanziellen Verhältnisse der Familie, die aus Polen immigriert war, ließen das nicht zu. So schloss sie 1946 mit einem Bachelor in Chemie des Frauen-Colleges ab, aus dem später die Carnegie-Mellon-Universität in Pittsburgh hervorging. Weitere akademische Titel erwarb sie nicht mehr – und wurde dennoch zu einer der größten US-Forscherinnen. Aber Kwolek hatte ihren Traum, Ärztin zu werden, noch nicht ganz aufgegeben. Nach dem Examen bewarb sie sich

2   Chase, Randall: Stephanie Kwolek, 90, Kevlar inventor. In: The Philadelphia Inquirer, 22. Juni 2014.

für einen Job im Textilchemie-Bereich bei DuPont – aber nur, um Geld für ein späteres Medizinstudium zu sparen.

Das Bewerbungsgespräch bei DuPont führte William Hale Charch mit ihr, der 1927 das wasserfeste Zellophan entwickelt hatte und so die Lebensmittelaufbewahrung revolutionierte. Später half er auch bei der Entwicklung von Teflon und Lycra. Als Charch der Bewerberin am Ende ihres Gesprächs mitteilte, sie würde in einigen Wochen von ihm hören, riss Kwolek der Geduldsfaden. Direkt fragte sie ihn, ob er seine Entscheidung nicht früher treffen könne, da sie noch ein anderes Jobangebot habe. Charch ließ sich zunächst nichts anmerken, war aber schwer beeindruckt von ihrer Forschheit, dann rief er eine seiner Sekretärinnen ins Zimmer und diktierte ihr den Zusagebrief vor Kwoleks Augen. Die Arbeit für DuPont konnte beginnen.

In Buffalo, im US-Bundesstaat New York, begann Kwolek 1946, unter Charch für DuPont zu arbeiten. 1950 wechselte sie dann ins Experimentallabor nach Wilmington in Delaware. Ihren Berufswunsch Medizin gab sie endgültig auf: »Das einzige Problem war, dass ich mich so sehr in meine Arbeit verliebte, dass ich für die Medizin keinerlei Interesse mehr besaß.«[3]

Längst war das Synthetik-Zeitalter angebrochen, eine revolutionäre Epoche mit neuen Materialien und Produkten hatte begonnen. Chemiker verwandelten Stoffe wie Kohle, Rizinusöl und Frostschutzmittel in neuartiges Plastik und schufen viele neue Produkte, und das Experimental-Labor von DuPont besaß daran gewaltigen Anteil. Bereits 1903 gegründet, war es eine der ersten Stätten für Industrieforschung in den USA. 1935 war hier die Kunstfaser Nylon erfunden worden, was zu den sogenannten »Nylon-Unruhen« führte. Immer

---

3   Ferguson, Raymond, C.: Oral history interview with Stephanie L. Kwolek am 4. Mai 1986. In: Science History Institute, Digital Collections, Philadelphia, URL: https://digital.sciencehistory.org/works/d217qq72t

wieder berichteten die Zeitungen, dass es in Kaufhäusern in den USA zu Tumulten kam und Frauen beinahe alles taten, um die nur selten vorhandenen Nylonstrümpfe ergattern zu können.[4]

Der Forscher Earl Tupper hatte, nachdem seine eigene Firma bankrottgegangen war, bei DuPont ab 1936 mit Polyethylen experimentiert. Der Stoff, den er daraus entwickelte, war flexibel und durchsichtig. Was er daraus herstellen ließ, zog bald in jeden amerikanischen Haushalt ein – in Form von Rührschüsseln, Sandwichdosen und Salatschleudern – und sorgte weltweit und bis heute für eine Klientel im Kaufrausch. Neu waren nicht nur die Produkte, sondern auch die Vertriebsmethode: Auf Damenpartys in den heimischen Wohnzimmern wurden Tuppers Waren im Direktvertrieb angeboten und sorgten schon bald für Millionenumsätze.

Stephanie Kwolek machte es den männlichen Erfinderkollegen bald nach. 1959 hatte sie erstmals Aufsehen erregt, als sie von der American Chemical Society für eine von ihr und einem Kollegen verfasste Arbeit mit dem Titel »Der Nylon-Seiltrick« ausgezeichnet wurde, in der sie ein Verfahren zur Herstellung von Nylon in einem Becherglas bei Raumtemperatur vorstellten. Kwoleks Arbeit ist immer noch die Grundlage für ein gängiges Experiment im Schulunterricht, und sie wies den Weg zu ihrer größten Erfindung. Beim »Nylon-Seiltrick« erklärten Kwolek und ihr Mitautor, wie man mit den richtigen Chemikalien das chemische Äquivalent zum »Ziehen einer Kette von Seidentaschentüchern aus einem Zylinder« herstellen kann.[5] Es klang wie die Beschreibung des perfekten Zaubertricks. Um die Nylontücher auf magische Weise aus einem Behälter zu ziehen, schüttet man zunächst Disäurechlorid und ein

4 Riordan, Teresa: A chemist who languished in a prefeminist-era. DuPont lab looks back on her invention of Kevlar. In: New York Times, 24. Mai 1999.

5 Morgan, Paul, W.; Kwolek, Stephanie, L.: The nylon rope trick: Demonstration of condensation polymerization. In: Journal of Chemical Education, Washington, 1. April 1959.

Lösungsmittel auf eine gleiche Menge verdünntes aliphatisches Diamin, die sich wie Öl und Wasser nicht verbinden. Taucht man jedoch mit einem »Zauberstab« in den Grenzpunkt der beiden Flüssigkeiten und zieht ihn hoch, entsteht ein Netz aus Nylon – wie ein Zirkuszelt, das sich an der Spitze zu einer Schnur zusammenzieht. Dabei kann so viel von dem Stoff aus der Lösung herausgezogen werden, dass es möglich ist, den Faden an einer automatischen Bohrmaschine zu befestigen und ihn sich ununterbrochen um den Bohrer wickeln zu lassen.

Chemiefirmen wie DuPont hatten von Anfang an verstanden, wie wichtig Frauen als Konsumentinnen waren. Was die Karriereförderung von Chemikerinnen im eigenen Unternehmen betraf, gab sich die Firma eher ignorant. Kwoleks Karriere im Unternehmen nahm nie richtig Fahrt auf, während 15 Jahren im Experimental-Labor wurde sie kein einziges Mal befördert. Darüber beschwerte sie sich nie. »Als fahnenschwingende Feministin habe ich mich nie gesehen«, blickte sie zurück. Anstatt alle Mauern einzureißen, verfolgte sie eine andere, defensive Strategie und bewies extreme Geduld. »Wenn man ehrgeizig war und sich anstrengte, konnte man sehr viel Wissen sammeln«, sagte sie. »Es gab viele brillante und kreative Männer. Das machte die Atmosphäre, in der ich arbeitete, so stimulierend und angenehm.«[6]

Als Kwolek das Kevlar entdeckt hatte, handelten ihre Vorgesetzten schnell. DuPont sah sofort das gewaltige Potenzial. Die Firma ließ eine neue Arbeitsgruppe zusammenstellen, die an verschiedenen Aspekten des neuen Materials arbeiten sollte. In den ersten 15 Jahren nach Kwoleks Erfindung gab die Firma schätzungsweise 500 Millionen US-Dollar aus, um das Produkt weiterzuentwickeln. DuPont begann mit der Vermarktung von Kevlar Anfang der 1970er,

---

6 Riordan, Teresa: A chemist who languished in a prefeminist-era. DuPont lab looks back on her invention of Kevlar. In: New York Times vom 24. Mai 1999.

und seither hat Kwoleks Erfindung DuPont Milliarden eingebracht. Sie selbst erhielt keine direkten Gewinne, da sie ihre Patente an das Unternehmen überschrieben hatte. Allerdings betonte Kwolek immer wieder, dass DuPont sie angemessen kompensiert habe. Auch wies sie immer wieder darauf hin, dass ihr zwar die Erfindung gelungen war, die Weiterentwicklung des Kevlars aber durch ein ganzes Team von Wissenschaftlern geschah.

In die Produktentwicklung und die Erforschung dessen, was man aus Kevlar alles machen konnte, war Kwolek kaum eingebunden. Hunderte von Anwendungen entstanden in den Folgejahren. Das leichte, flexible, starke und hitzebeständige Kevlar wird für Raumkapseln und Flugzeuge genutzt, für Ski, Fahrräder und Tennisschläger, Glasfaserkabel und Hängebrücken. Feuerwehrschutzkleidung lässt sich daraus genauso herstellen wie Ofenhandschuhe oder Sportboote.

Auf die Frage, wie sie sich »als eine Art mythische, weibliche Erfinderin« fühle, antwortete Kwolek mit einem Lachen. »Das hat für mich keinen Unterschied bedeutet – außer, dass es mich noch beschäftigter gehalten hat. Manchmal bin ich von dieser ganzen Sache peinlich berührt.«[7]

Stephanie Kwolek leitete die Polymerforschung im Experimental-Labor von DuPont bis zu ihrer Pensionierung als wissenschaftliche Mitarbeiterin im Jahr 1986. Sie erhielt zahlreiche Auszeichnungen, wie die »National Medal of Technology and Innovation« die vom US-Präsidenten an Erfinder verliehen wird, die einen bedeutenden Beitrag zur Entwicklung neuer Technologien geleistet haben. 1995 wurde die Kunststoff-Pionierin schließlich in die US-amerikanische »National Inventors Hall of Fame« aufgenommen, 2003 in die »National Women's Hall of Fame«.

---

7   Ferguson, Raymond C.: Oral history interview with Stephanie L. Kwolek am 4. Mai 1986. In: Science History Institute, Digital Collections, Philadelphia. https://digital.sciencehistory.org/works/d217qq72t

Die Tatsache, dass Kevlar weltweit zunehmend von Polizei und Militär genutzt wurde, vor allem für Helme und Schutzwesten, verfolgte sie stets mit Interesse. »Nicht in tausend Jahren hätte ich daran gedacht, dass diese Flüssigkeit Tausende Leben retten würde«, erzählte Kwolek im Jahr 2003, als US-Truppen in Afghanistan und Irak kämpften. »Wenn ich im Fernsehen den Krieg sehe, dann bin ich sehr stolz, sagen zu können: Wir bei DuPont haben das erfunden.«[8]

Seit der Entdeckung des Kevlars sind Millionen Schutzwesten verkauft worden. Die meisten Polizeikräfte in aller Welt schreiben vor, dass Polizistinnen und Polizisten nur noch mit Kevlar-Westen auf Streife gehen dürfen. Die Kevlar-Rüstung fängt ein Geschoss in einem mehrschichtigen Gewebe auf. Die Fasern absorbieren den Aufprall und leiten ihn an andere Fasern im Gewebe weiter. Andere Schichten absorbieren die zusätzliche Energie des Aufpralls und schützen den Körper vor stumpfen Traumata.

1987 gründete sich ein ganz besonderer Klub. Der »Klub der Kevlar-Überlebenden« ist eine gemeinnützige Vereinigung, gegründet von DuPont und der Internationalen Vereinigung der Polizeichefs (IACP). Mitglied kann werden, wer eine Schutzweste getragen, einen bewaffneten Angriff überstanden und eine lebensgefährliche Verwundung überlebt hat. In den vergangenen 30 Jahren sind über 3000 Sicherheitskräfte geehrt worden. Hauptziel des Vereins ist es, das Tragen von Schutzwesten zu fördern und die Schutzwirkung weiter zu verbessern.

Stephanie Kwolek arbeitete insgesamt 40 Jahre lang bei DuPont und meldete 28 Patente an. Nach ihrer Pensionierung 1986 war sie weiter als Beraterin tätig und wurde 1995 als einzige Frau mit der Lavoisier-Medaille des Unternehmens für Forschung ausgezeichnet. Kwolek diente auch als Mentorin für junge Wissenschaftlerinnen

---

8 Milford, Maureen: Mother of Invention has helped save thousands. In: USA Today, 4 July 2007.

und nahm an Programmen teil, die Kindern die Wissenschaft nahebringen sollen. Ihr »Nylon-Seiltrick« war immer ein fester Programmpunkt. Das ist er auch heute noch – in unzähligen Chemiesälen in allen Schulen der Welt.

Hin und wieder erhielt Kwolek Telefonanrufe von Menschen, die ihre kugelsichere Faser getragen und einen Angriff überlebt hatten. »Manche von ihnen traf ich persönlich, zusammen mit ihren Kindern, Ehefrauen, oder ihren Eltern. Das waren immer sehr bewegende Begegnungen.«[9]

In einem Interview des *Wilmington News Journal* aus dem Jahr 2007 äußerte sie sich bescheiden über ihr Vermächtnis: »Ich hoffe zumindest, dass ich Leben rette. Es gibt nur sehr wenige Menschen, die in ihrer Karriere die Möglichkeit haben, etwas zum Wohl der Menschheit zu tun.«[10] Kwolek starb am 18. Juni 2014. Geheiratet hatte sie nie, Hinterbliebene gab es keine.

---

9   Chase, Randall: Stephanie Kwolek, 90, Kevlar inventor. In: The Philadelphia Inquirer, 22. Juni 2014.
10   Ohne Autorenangabe: Interview mit Stephanie L. Kwolek in: Wilmington News Journal, Wilmington, Delaware, 20. Juni 2007.

Der No-Bell-Preis
*Jocelyn Bell Burnell (*1943)*

Die junge Frau stand auf einem brachliegenden Feld vor der englischen Universitätsstadt Cambridge und hatte eine einzige Aufgabe. Sie sollte den Sternen lauschen. Es war ein milder Sommertag im August 1967. Zwei Jahre lang hatte sie zusammen mit ihrem Doktorvater und vier weiteren Studenten mit größter Kraftanstrengung Hunderte von Holz- und Metallstangen in den Boden gerammt und mehr als 190 Kilometer Kupferdraht als Antennenkabel auf einer Fläche so groß wie zweieinhalb Fußballplätze festgezurrt, um 2048 exakt gleiche Dipolantennen zu verbinden. Nun war alles bereit. Die Anlage besaß keine beeindruckende Abhörschüssel wie ein optisches Teleskop, das Licht einfängt, ihres war bescheidener, sah improvisierter aus und erinnerte eher an ein Feld, auf dem Erbsen oder Hopfen angebaut wurden. Ihr Teleskop sollte Radiowellen einfangen, um herauszufinden, was uns im Weltall umgibt.

Die 24-Jährige mit der mächtigen, dunkel umrandeten Hornbrille hatte eine gewaltige Aufgabe vor sich, in ihren Schichten rund um die Uhr war sie allein für den Betrieb des Teleskops verantwortlich. »Es wurde von nur einer Person in Vollzeit betrieben. Einem Mädchen«, berichtete die BBC etwas ungläubig im Rückblick.[1] Zum Schutz vor

---

1   BBC Horizon: Jocelyn Bell Burnell on pulsars, Sendung vom 22. November 1971, URL: https://www.bbc.co.uk/archive/jocelyn-bell-burnell-on-pulsars-1971/zjbwd6f, abgerufen am 15. Dezember 2021.

dem Wetter und für ihre Geräte hatte die Forschungsgruppe kleine, rot-weiß gestreifte Zelte aufgeschlagen, davor standen grobe Holzkisten, auf denen die Messinstrumente aufgestellt werden konnten. Geeignete Computer, die ihr die Arbeit hätten abnehmen können, gab es noch nicht. Die Daten, die das Radioteleskop einfing, spuckte ein gigantischer Metallkasten auf einem schier endlosen Papierstreifen aus. Die Nadel des Funkschreibers zuckte hektisch und hinterließ unaufhörlich eine feine, rote Kurve auf dem Papier. Knapp 30 Meter galt es, Tag für Tag auszuwerten. Jedes Mal breitete die Frau die Protokolle auf einem Campingtisch aus und ging sie Millimeter für Millimeter durch. Sie arbeitete an ihrer Doktorarbeit und wollte eigentlich Quasare erforschen, aktive Kerne einer Galaxie, die im sichtbaren Bereich des Lichts fast punktförmig wie ein Stern erscheinen. Doch dann entdeckte sie etwas völlig anderes.

Neben den Signalen der Quasare aus dem All schlug das Teleskop von Cambridge auch bei völlig weltlichem Lärm an. Und davon gab es einiges: Autos mit kaputtem Auspuff, Klempner, die ein Schweißgerät bedienten und illegale Piratensender, die für die Studenten in Cambridge ein alternatives Radioprogramm ausstrahlten. Der Äther war voll von Geräuschen, aber hin und wieder war da noch etwas Unbekanntes. Ein seltsames Signal, das in keine Kategorie zu passen schien.

Als es am 6. August 1967 zum ersten Mal auf dem Papierstreifen auftauchte, wie ein kleiner Schnörkel inmitten der scharfzackigen Kurven, kreiste sie es mit ihrem Stift ein und schrieb ein Fragezeichen dahinter. In der Hoffnung, am nächsten Tag das Signal erneut empfangen zu können, machte sie sich wieder zum Radioteleskop auf, um weitere Daten aus demselben Himmelsgebiet aufnehmen zu können, von dem die Wellen gesendet worden waren. Doch ihre Enttäuschung war groß. Das Signal war verschwunden.

Lange Zeit tat sich nichts, und fast wäre ihre zweite Beobachtung unbemerkt geblieben. Sie hatte sich an diesem Nachmittag wieder auf den Weg zum Teleskop gemacht, als sie bemerkte, dass ihre Maschinen wegen der Kälte der Nacht den Geist aufgegeben hatten. In einer Mischung aus wilden Flüchen, hektischem Hin- und

Jocelyn Bell Burnell

Herknipsen der Schalter und schweratmend brachte sie den Apparat wieder in Gang, wenn auch nur für fünf Minuten. Endlich schwang der Schreiber wieder rhythmisch hin und her. Und da war es wieder. Ein ähnliches Signal wie das zuvor. Sie wühlte sich erneut durch Hunderte Meter Papier. Dieses Mal war der Rhythmus anders, aber ohne Zweifel sehr ähnlich. Oft verschwand das Signal wieder, aber wenn es wahrnehmbar war, behielt es inmitten der Sterne seinen Platz, im Sternbild Fuchs (Vulpecula, Füchslein). Regelmäßig pulsierte es 0,04 Sekunden lang und wiederholte sich im Abstand von 1,337 Sekunden. Mit dem neuen Signal war es Zeit, ihren Doktorvater zu alarmieren.

Sie hatte ihn an diesem Tag aus einer Laborveranstaltung für Erstsemester ans Telefon holen lassen. Nach einigen Minuten meldete er sich endlich. Aufgeregt berichtete sie ihm von den merkwürdigen, pulsierenden Signalen, die sie gemessen hatte. Er schien nicht besonders beeindruckt zu sein. »Das stammt doch wieder nur von Menschen«, sagte er kurz und gleichgültig und beendete das Gespräch.

Am nächsten Tag kam der Doktorvater doch mit auf die Wiese und blickte ihr über die Schulter. Dann sah auch er die Signale mit seinen eigenen Augen hereinkommen. Er blieb skeptisch und vermutete, dass seine Studentin das Radioteleskop nur falsch verkabelt hatte. Das Signal nahm immer nur etwa einen halben Zentimeter auf dem Protokoll ein. Ein Teil von zehn Millionen, die sie auf all ihren Messungen festgehalten hatte. Er schlug vor, dass sie sich ein anderes, schnelleres Aufzeichnungsgerät besorgen sollte. Und einen Monat lang zeichnete es wieder nichts auf. Doch dann kam es am 28. November 1967 wieder, in einer Reihe von pulsierenden Signalen, im Abstand von 1,337 Sekunden. Um das seltsame Signal ihres Teleskops besser untersuchen zu können, hatten die junge Forscherin und ihr Doktorvater das Codierpapier im Signalschreiber schneller laufen lassen. Das verlängerte alle Spuren. Das Papier lief unter der Nadel durch, und ein ständiges Pulsieren war zu beobachten. Beide stutzten. Die Quelle schien tatsächlich nicht der übliche, von Menschen verursachte Lärm zu sein. Vielmehr bewegte sie sich rund um die Sterne über ihnen und hielt mit den Gestirnen Schritt.

Es war der Moment einer der größten Entdeckungen der Astronomie des 20. Jahrhunderts.

Als nächste Aufgabe wartete die Frage, ob auch ein anderes Teleskop mit eigenem Empfänger dieselben Signale aufnehmen könnte. Die Studentin und ihr Doktorvater standen voller Erwartung vor dem Aufzeichnungsgerät in einem anderen Observatorium. Nichts passierte. Es war ein schrecklicher Moment für die junge Forscherin. Beide verließen die Anlage wieder, mit gesenkten Köpfen gingen sie die langen Flure in Richtung Ausgang. Plötzlich rannte ein Mitarbeiter aufgeregt hinter ihnen her und rief: »Stopp! Hier ist es!« Jocelyn Bell Burnell, die Studentin und Antony Hewish, ihr Doktorvater, hatten sich um fünf Minuten verrechnet, wann das Teleskop das Signal aufnehmen würde. »Hätten wir uns um 25 Minuten verrechnet, wären wir alle schon nach Hause gegangen und die Geschichte wäre anders ausgegangen«, blickte Bell Burnell auf diese entscheidenden Minuten zurück.[2]

---

2   Video-Interview mit Jocelyn Bell Burnell. In: Journeys of Discovery, University of Cambridge, abgerufen am 14. Dezember. 2021, URL: https://www.cam.ac.uk/stories/journeysofdiscovery-pulsars

Susan Jocelyn Bell Burnell wurde 1943 im nordirischen Lurgan geboren. Zu einer ihrer frühesten Kindheitserinnerungen gehörte, wie seltsam sie es als kleines Mädchen fand, dass die Nachbarn bei der Geburt ihres jüngeren Bruders ausdrücklich betonten, wie wundervoll es sei, dass ihre Mutter nun endlich auch einen Jungen bekommen habe.

Sie konnte es kaum abwarten, endlich die weiterführende Schule besuchen zu können. Die erste Enttäuschung wartete auf sie in der ersten Schulwoche am Mittwoch. Die Jungs wurden in das Wissenschaftslabor geführt, die Mädchen in die Schulküche, um mehr über Haushaltsführung zu lernen. Die junge Jocelyn protestierte energisch bei ihrer Hauswirtschaftslehrerin, fand aber kein Gehör. Bei ihren Eltern war das am Abend ganz anders, sie gingen vor Ärger fast an die Decke. Die Familie gehörte zur Religionsgemeinschaft der Quäker, die sich intensiv darum bemühen, Erniedrigung und Diskriminierung von Einzelnen oder Gruppen zu verhindern. Aus Sicht der Familie brauchte jeder, auch Mädchen, eine wissenschaftliche Ausbildung. Eine Woche später stand in der Schule die nächste Laborstunde an. Alle Jungs waren da, aber ab sofort war etwas anders. Unter allen Jungs saßen jetzt auch drei Mädchen, unter ihnen die junge Jocelyn.

In frühen Jahren hatte sie sich von ihrem Vater ein Buch des berühmten Astronomen Fred Hoyle geliehen. Der Autor schrieb unter anderem über die Strukturen der Galaxien. Es war der erste Anstoß für sie, Astronomin zu werden. »Ich wusste schon, bevor ich die Schule verließ, dass ich Radioastronomin werden wollte.«[3]

Der zweite Anlass, sich für die Physik zu entscheiden, lieferte indirekt ihr Vater. Er arbeitete als Architekt und war auch für die

---

3 Proudfoot, Ben: She changed astronomy forever. He won the Nobel Prize for it, Dokumentarfilm in: The New York Times, 2021, URL: https://www.nytimes.com/2021/07/27/opinion/pulsars-jocelyn-bell-burnell-astronomy.html?searchResultPosition=3, abgerufen am 17. Dezember 2021.

Renovierung der baufälligen, über 200 Jahre alten Sternwarte in der Stadt Armagh zuständig. Oft begleitete sie ihn in den Schulferien dorthin, kroch mit ihm über die Dachböden, auf der Suche nach den zahlreichen Löchern im Dach. Nebenbei zeigten die Astronomen der jungen Jocelyn ihre Teleskope und berichteten von ihrer Arbeit. Kurzzeitig geriet ihr Entschluss ins Wanken, als ihr ein Astronom erzählte, dass man in dieser Disziplin vor allem nachts arbeiten müsse. Erleichterung machte sich erst bei ihr breit, als sie nach der Lektüre weiterer Bücher erfahren hatte, dass es in anderen Bereichen wie der Radio- oder Röntgenastronomie nicht so sehr auf die Tageszeit ankam. Nun gab es kein Halten mehr.

Zum Physik-Studium zog es sie nach Glasgow. Dort war sie die einzige Frau unter 50 Studenten, was für Bell Burnell manchmal nur schwer zu ertragen war. »Wenn eine Frau den Hörsaal betrat, gab es die Tradition, dass alle Studenten mit den Füßen trampelten, pfiffen, johlten und mit den Händen auf die Tische schlugen. Ich habe das in jeder Unterrichtsstunde erlebt, an der ich in den letzten zwei Jahren teilgenommen habe.«[4] Aber sie verfolgte weiter ihr Ziel, trotz großer Selbstzweifel. Erst nach langem Zögern bewarb sie sich um eine Doktorandenstelle in Cambridge.

Als Jocelyn Bell Burnell nun im Herbst 1967 mit ihrem Doktorvater Antony Hewish auf der Wiese gestanden hatte und beide das Signal überprüften, hielten beide in diesem Moment nichts für ausgeschlossen. Es gab keine überzeugende Erklärung für diese Signale. Auch wenn es ihnen verrückt vorkam: Waren das Signale einer künstlichen Intelligenz? Von Außerirdischen, die Kontakt aufnehmen wollten? Hewish sagte später selbst, dass er für zwei Monate an diese Möglichkeit geglaubt habe. Die anderen Forscher der Arbeitsgruppe in Cambridge machten sich einen Spaß daraus

4   Saner, Emine: Top 100 women – science and medicine. Jocelyn Bell Burnell, in: The Guardian, 8. März 2011.

und nannten Jocelyn Bell Burnells Entdeckung zunächst »LGM-1« (für little green men; kleine grüne Männchen, Anm. der Verf.). Aber die Theorie der kleinen grünen Männchen wurde schnell begraben, nachdem Burnell am 21. Dezember 1967 eine zweite Signalquelle ortete, die der ersten ähnelte. Die Möglichkeit, dass zwei verschiedene Gruppen Außerirdischer gleichzeitig und auf derselben Frequenz Kontakt aufzunehmen versuchten, erschien dann doch abwegig. Wenig später war klar: Jocelyn Bell Burnell hatte eine neue Klasse von Sternen entdeckt, deren Existenz Wissenschaftler bereits in den 1930er-Jahren vorhergesagt hatten: Die bisher unbekannten Neutronensterne waren merkwürdige Himmelskörper, die Radiowellen ausstrahlten, wenn sie sich drehten und durch den Weltraum glitten. Dabei funkelten sie wie der wiederkehrende Lichtstrahl eines Leuchtturms.

Bis Mitte Januar 1968 hatte die Forschungsgruppe in Cambridge den dritten und vierten der bisher unbekannten Sterne entdeckt. Sie nannten sie Pulsare, weil sie beständig pulsierten oder ähnlich dem Ticken einer Uhr ihr Signal durch die Galaxie sendeten. Sie schätzten, dass die Himmelskörper gut 200 Lichtjahre entfernt waren, noch weit hinter der Sonne und anderen Planeten, aber noch immer in unserer Galaxie, der Milchstraße. Heute ist bekannt, dass die Entfernung gut zehnmal größer ist, ebenso, dass sie aus erstaunlich dichtem Material bestehen. Nur ein Fingerhut davon wiegt so viel wie alle Menschen zusammen auf der Welt.

Trotz ihrer Entdeckung hatte Jocelyn Bell Burnell im Forscherteam von Cambridge einen schweren Stand. Inzwischen hatte sie sich verlobt, und sie trug ihren Ring auch im Labor. Ein Fehler, wie sie im Nachhinein bemerkte, denn aus ihrer Sicht schwächte das ihre Position als Forscherin – verheiratete Frauen arbeiteten im Großbritannien der 60er-Jahre nicht. Wieder einmal war sie die Einzige, dieses Mal als Forscherin in der Männerwelt. Die Frauen, die es sonst am Institut gab, waren Sekretärinnen. »Frauen galten als nichts anderes als Sexobjekte, Ehefrauen, Mütter, Hausfrauen.

Es wurde nicht erwartet, dass sie Intelligenz besaßen, oder eine Karriere anstreben sollten. Heirat war das Ziel.«[5]

Immer wieder glaubte sie auch, am sogenannten Hochstapler-syndrom zu leiden. Ein psychologisches Phänomen, bei dem die Betroffenen ihre eigenen Leistungen anzweifeln und fest davon überzeugt sind, früher oder später als Hochstapler entlarvt zu werden. Sie kam als junge Frau aus dem rauen Norden an die Elite-universität von Cambridge, unter den Studenten waren nur zehn Prozent weiblich. Die jungen Männer, die nach Cambridge kamen, hatten zuvor meist teure Privatschulen besucht, waren oft sehr selbstbewusst und dachten von sich selbst, ein natürliches Recht zu besitzen, dort zu studieren. »Oft waren sie von ihrer eigenen intellektuellen Brillanz sehr angetan, während ich mich sehr als Außen-seiterin fühlte. Ich dachte immer, ich passe da nicht hin und dass die Universität bei meiner Zulassung einen Irrtum begangen haben musste. Aber ich entschied, so hart wie möglich zu arbeiten. Wenn sie mich dann hinausschmeißen würden, hätte ich wenigstens alles versucht. Ich war also extrem gründlich. Und so habe ich diese kleine Unregelmäßigkeit in meinen Daten bemerkt.«[6]

Es war Zeit, Burnells Entdeckung bekannt zu machen. Ihr Doktorvater veranstaltete ein Kolloquium in Cambridge. Fred Hoyle, der bedeutende Astronom, der Jocelyn Bell als Schülerin so beeindruckt hatte, saß auch im Publikum. Die Aufregung griff auf sie über. Jeder Astronom aus Cambridge war gekommen, um mehr über ihre Entdeckung zu hören.

Antony Hewish ergriff das Wort. Jocelyn Bell, wurde als »Miss Bell, die Studentin« vorgestellt und ihr Anteil an der Entdeckung der Pulsare eher flüchtig erwähnt. Am 24. Februar 1968 veröffentlichten

5   Video-Interview mit Jocelyn Bell Burnell. In: Journeys of Discovery, University of Cambridge, URL: https://www.cam.ac.uk/stories/journeysofdiscovery-pulsars, abgerufen am 14. Dezember 2021.
6   Interview der Autoren mit Jocelyn Bell Burnell am 5. Januar 2022.

Hewish, Bell und drei weitere Mitarbeiter des *Mullard Radio Astronomy Observatory* ihre Erkenntnisse in der hochangesehenen Zeitschrift *Nature*. Weltweit horchten Wissenschaftler gespannt auf, rund um die Erde richteten Radioastronomen ihre Teleskope auf die vier bisher unbekannten Pulsare, und die Medien überschlugen sich in ihrer Berichterstattung. Die Rollen waren dabei klar verteilt. Antony Hewish wurde über die astrophysikalische Bedeutung der Entdeckung befragt. Jocelyn Bell Burnell sollte buntere Aspekte der Geschichte abdecken. Immer wieder bekam sie von den Boulevard-Reportern dieselben Fragen gestellt: Wie viele Freunde sie bisher gehabt habe, ob sie sich selbst als blond oder eher brünett beschreiben würde, welches ihre Körbchengröße und ihr Hüftumfang seien. »Die Fotografen waren am schlimmsten. Sie forderten, dass ich an meiner Bluse einige Knöpfe öffnen sollte. Es war schrecklich. Ich wusste, dass die Universität die Werbung brauchte, aber ich war so unkooperativ wie möglich und ließ es geschehen, ohne für richtigen Ärger zu sorgen. Ich hasste es einfach.«[7]

Nach ihrer gewaltigen Entdeckung bekam es Burnell mit den riesigen Erwartungen an sie zu tun – und mit dem eigenen Gefühl, diese nicht erfüllen zu können. Viele dachten, ihr Fund sei eine Eintagsfliege oder bloßer Zufall gewesen. Burnell entschloss sich zum Rückzug. Zunächst verließ sie die Welt der Sterne, heiratete 1968, zog mit ihrem Mann öfter um, arbeitete in verschiedenen nicht-wissenschaftlichen Jobs, manchmal auch halbtags und wurde Mutter. Intensive Forschung war aus Zeitmangel nicht mehr möglich. »In jenen Tagen glaubte man, dass Wissenschaft von großartigen Männern betrieben wurde. Und dass diese Männer eine Armee von Untergebenen befehligten, die all ihre Gebote befolgten und nicht selbst dachten. Ich hatte in dieser Phase ein kleines Kind zu versorgen und sollte das mit meinem Beruf verbinden, bevor es für Frauen akzeptabel war

---

7   Interview der Autoren mit Jocelyn Bell Burnell am 5. Januar 2022.

zu arbeiten. Und an einem Punkt dachte ich: Männer gewinnen Preise und junge Frauen kümmern sich um Säuglinge.«[8]

Aber schon bald kehrte sie in die Wissenschaft zurück, dabei waren es nicht immer prestigeträchtige Positionen, die sie besetzte. Einige Zeit beschäftigte sie sich auch mit Verwaltungs- und Finanzfragen im akademischen Bereich.

An einem Morgen 1974 arbeitete Burnell an einem Projekt zur Röntgenastronomie. Dafür war an diesem Tag ein Satellit ins All gestartet. Atemlos kam ein Kollege in ihr Büro gerannt. »Hast du es schon gehört?«, fragte er. Burnell befürchtete, dass der Satellit abgestürzt sei. Aber das war es nicht. In Stockholm waren soeben die Preisträger des Nobelpreises für Physik bekanntgegeben worden. Er ging an Antony Hewish und den Radioastronomen Martin Ryle, der ein neues Teleskopsystem entwickelt hatte und die Radioastronomie-Gruppe in Cambridge leitete. Beide wurden für ihre »bahnbrechende Forschung im Bereich der Radiophysik und die Entdeckung der Pulsare« geehrt. Jocelyn Bell Burnell zählte nicht zu den Preisträgern.

Es war das erste Mal, dass Astrophysiker einen Nobelpreis gewonnen hatten. »Meine Kolleginnen und Kollegen waren wahrscheinlich enttäuschter als ich. Einer von ihnen nannte den Preis in No-Bell-Preis um.«[9] Sie selbst nahm die Tatsache, die viele ihrer Kolleginnen und Kollegen als Brüskierung empfanden, deutlich gelassener hin und versuchte, die Aufregung zu mildern: »Es ist der Doktorvater, der die letztendliche Verantwortung für den Erfolg oder Misserfolg eines Projekts trägt. Es würde die Bedeutung des Nobelpreises herabsetzen, wenn er an Forschungsstudenten

---

8   Saner, Emine: Top 100 women – science and medicine. Jocelyn Bell Burnell, in The Guardian, 8. März 2011.

9   Video-Interview mit Jocelyn Bell Burnell. In: Journeys of Discovery, University of Cambridge, URL: https://www.cam.ac.uk/stories/journeysofdiscovery-pulsars, abgerufen am 14. Dezember 2021.

vergeben würde, abgesehen von wirklich herausragenden Fällen. Und dieser war in meinen Augen keiner. Und letztendlich: Ich selbst bin darüber nicht enttäuscht. Ich befinde mich in guter Gesellschaft.«[10]

Einer hingegen kannte in dieser Frage keine Zurückhaltung. Wieder war es das Idol ihrer Jugendtage, der britische Astronom und Mathematiker Fred Hoyle, dessen Buch Jocelyn Bell Burnell in jungen Jahren verschlungen hatte, der sie bestärkte und lautstark seine Stimme erhob. Hoyle forderte den Nobelpreis auch für Bell Burnell und beschuldigte Hewish, die Daten seiner Doktorandin gestohlen zu haben. Eine Äußerung, die weltweit Schlagzeilen produzierte und dem stets zänkischen und anderen Forschern gegenüber oft arroganten Hoyle eine Klage wegen Verleumdung einbrachte. Schließlich zog Hoyle seine Vorwürfe zurück, um sich umgehend neue Gegner zu suchen. In einem Brief an die Tageszeitung The Times beschuldigte er fortan das Nobelkomitee, einen schweren Fehler begangen zu haben. Lange Jahre rechnete Hoyle selbst mit dem Gewinn des Nobelpreises und galt 1983 als klarer Kandidat. Sein Biograf, Simon Mitton, ist sich sicher: »Nachdem er so kritisch gegenüber dem Komitee gewesen war, kann ich mir gut vorstellen, dass jemand danach einen großen Stift in die Hand genommen hatte und seinen Namen von der Liste möglicher künftiger Preisträger für alle Zeit gestrichen hat.«[11] Hoyle wurde zuverlässig übergangen, eine Kränkung, die bis zu seinem Tod anhielt.

Antony Hewish verteidigte sich immer wieder gegen die Vorwürfe, seine Doktorandin sei zu Unrecht übersehen worden. »Wenn man ein Forschungsschiff entworfen hat und schließlich

---

10 Bell Burnell, Jocelyn: Petit Four. In: Annals of the New York Academy of Science, vol. 302, S. 685–689, December 1977.
11 McKie, Robin: Fred Hoyle – the scientist whose rudeness cost him a Nobel Prize. In: The Guardian, 3. Oktober 2010.

ruft jemand vom Mast herunter: ›Land in Sicht!‹, dann ist das sehr gut. Aber wer trifft letztendlich die Entscheidungen? Es gibt einen Unterschied zwischen dem Kapitän und der Besatzung.«[12]

Jocelyn Bell Burnell wurde in den kommenden Jahren auf zahlreiche prestigeträchtige Forschungs- und Professorenstellen berufen, unter anderem in Southampton, London, Oxford, Edinburgh und Princeton. 1986 war sie für das Weltraumteleskop auf dem 4200 Meter hohen Berg Mauna Kea auf Hawaii verantwortlich und zwischen 2002 und 2004 amtierte sie als Präsidentin der königlichen Astronomie-Gesellschaft. Verärgerung über das Vergangene zeigte sie niemals: »Wenn man den Nummer-1-Preis nicht bekommt, dann hat man die Chance auf alle anderen Preise. Und das ist mir passiert. Ich habe viele große Preise bekommen, ich denke, auch als Kompensation. Aber das macht viel mehr Spaß. Alle paar Jahre gibt es einen Preis, und das führt zu vielen Partys.«[13]

Einer ihrer vielen Preise stach heraus. Ein halbes Jahrhundert nach ihrer Entdeckung erhielt Bell 2018 die Sonderauszeichnung des Breakthrough-Preises für ihre bahnbrechende Arbeit zu den Pulsaren und für ihre gesamten wissenschaftlichen Leistungen. Bell war sprachlos, auch weil das Preisgeld drei Millionen Dollar betrug. Das Geld kommt von Unternehmern wie dem Google-Erfinder Sergey Brin und Facebook-Gründer Mark Zuckerberg. »Ich will und brauche das Geld nicht für mich«, sagte sie kurz nach der Zeremonie und setzte einen Entschluss um.[14]

---

12 Proudfoot, Ben: She changed astronomy forever. He won the Nobel Prize for it, Dokumentarfilm in: The New York Times, 2021, URL: https://www.nytimes.com/2021/07/27/opinion/pulsars-jocelyn-bell-burnell-astronomy.html?searchResultPosition=3, abgerufen am 17. Dezember 2021.
13 Interview der Autoren mit Jocelyn Bell Burnell am 5. Januar 2022.
14 Masters, James: Jocelyn Bell Burnell to give away $3 million physics prize, in CNN, 6. September 2018, URL: https://edition.cnn.com/2018/09/06/world/jocelyn-bell-burnell-special-breakthrough-prize-intl/index.html, abgerufen am 19. Dezember 2021.

Das Preisgeld übergab sie dem *Institute of Physics*, dem Berufsverband für Physiker in Großbritannien und Irland. Damit werden Stipendien für Frauen, Flüchtlinge und andere Minderheitengruppen im Bereich der Physik vergeben. »Ich hoffe, dass sich die Dinge in der Physik ausreichend schnell verändern. Es gibt große Anstrengungen, für mehr Vielfalt zu sorgen, und die Zahl der Frauen, die Nobelpreise erhalten haben, wächst, liegt aber immer noch im einstelligen Bereich. Aber die Leute erkennen inzwischen, dass Frauen Wissenschaft betreiben und es sehr ernst damit meinen.«[15]

Neben Preisen folgten für Bell Burnell auch zahlreiche weitere Ehrungen. 2007 war sie von der Queen in den Adelsstand erhoben worden, und 2020 erhielt Dame Jocelyn noch eine besondere Auszeichnung. Als eine von wenigen Wissenschaftlerinnen wurde ein Ölportrait von ihr in den Räumen der *Royal Society* aufgehängt, die als nationale Akademie der Wissenschaften des Vereinigten Königreiches für die Naturwissenschaften dient. Mehr als 200 Portraits der Mitglieder wurden seit dem 17. Jahrhundert in Auftrag gegeben, nur eine Handvoll davon sind Frauen, und Bell Burnell nahm einen ganz besonderen Platz ein. Der Botaniker Joseph Banks musste für Bell Burnell seinen prominenten Platz räumen. Nun hängt ihr Gemälde an seiner Stelle am oberen Ende der großen Marmortreppe der Royal Society. »Ich bin sicher, das wird ein paar Mitglieder enttäuschen«, kommentierte sie die Entscheidung augenzwinkernd, »aber sie haben erst vor 75 Jahren Frauen zugelassen, und so ist es vielleicht nicht überraschend, dass nicht viele weibliche Mitglieder dort repräsentiert sind.«[16]

Mit ihrer Entdeckung auf der Wiese bei Cambridge hat Jocelyn Bell Burnell die Astronomie für immer verändert. Pulsare sind

---

15 Interview der Autoren mit Jocelyn Bell Burnell am 5. Januar 2022.
16 Brown, Mark: »I'll upset a few fellows« – Royal Society adds Jocelyn Bell Burnell portrait. In: The Guardian, 28. November 2020.

weiter wichtige Forschungsobjekte zum Verständnis dichter Kernmaterie, und immer neue Entdeckungen werden an ihnen gemacht. Bis heute sind mehr als 2600 der Neutronensterne entdeckt worden. Wegen ihrer extremen Eigenschaften dienen sie auch dazu, die Allgemeine Relativitätstheorie von Albert Einstein zu überprüfen. Und eines Tages könnten die Pulsare sogar als Navigationsleuchtfeuer für Raumschiffe dienen.

Mit fast 80 Jahren behält Jocelyn Bell Burnell ihr Ohr weiter an den Sternen und beschäftigt sich seit einiger Zeit mit der sogenannten Zeitdomänen-Astronomie. Dabei geht es darum, wie sich astronomische Objekte mit der Zeit verändern. »Meine Faszination für die Physik hört nie auf. Wir haben in den vergangenen 50 Jahren völlig unerwartete Dinge entdeckt. Und es scheint, als ob es immer aufregender wird.«[17]

17 Interview der Autoren mit Jocelyn Bell Burnell am 5. Januar 2022.

Literatur

Vorbemerkung: Die Zitate aus fremdsprachiger Literatur wurden, sofern nicht anders vermerkt, von den Verfassern übersetzt.

Lady Mary Wortley Montagu

Bücher/Sammelbände

Halsband, Robert: The Life of Lady Mary Wortley Montagu. Oxford 1956 (Zitiert: Halsband 1956)

Halsband, Robert (Hrsg.): Mary Wortley Montagu. The Complete Letters of Lady Mary Wortley Montagu. 1708–1762. 3 Bände. London 1967 (Zitiert: Halsband 1967)

Halsband, Robert; Grundy, Isobel (Hrsg.): Essays and Poems, and *Simplicity*, a Comedy. Oxford 1977 (Zitiert: Halsband 1977)

Klima, Slava (Hrsg.): Joseph Spence – Letters from the Grand Tour. Montreal 1975 (Zitiert: Spence)

Lewis, Melville: Lady Mary Wortley Montagu. Her Life and Letters (1689–1762). London 1925 (Zitiert: Lewis)

Montagu, Mary Wortley: The Turkish Embassy Letters. London 1994 (Zitiert: Montagu)

Phillips, Richard: Correspondence between Frances, countess of Hartford, afterwards duchess of Somerset, and Henrietta Louisa, countess of Pomfret, between the years 1738 and 1741. Band 2. London 1805 (Zitiert: Phillips)

Werke Friedrich des Großen. Œuvres de Frédéric le Grand. Berlin 1850, 22.327, 10. Oktober 1739. Digitale Ausgabe der Universitätsbibliothek

Trier, URL: http://friedrich.uni-trier.de/de/oeuvres/3/toc/ (Zitiert: Friedrich der Große)

Willett, Jo: The Pioneering Life of Mary Wortley Montagu. Scientist and Feminist. Barnsley 2021 (Zitiert: Willett)

Zeitschriften/Zeitungen/Online-Beiträge

Shapin, Steven: A Pox on the Poor. London Review of Books, Band 43, Nr. 3, 4. Februar 2021 (Zitiert: Shapin)

Eunice Newton Foote

Bücher/Sammelbände

Tyndall, John: The Glaciers of the Alps. Being a narrative of excursions and ascents, an account of the origin and phenomena of glaciers, and an exposition of the physical principles to which they are related. 2. Aufl. London, New York, Bombay 1896 (Zitiert: Tyndall 1896)

Zeitschriften/Zeitungen/Online-Beiträge

Brockell, Gillian: Did the ›father of climate science‹ steal his discovery from Eunice Newton Foote? Washington Post, 17. November 2021, URL: https://www.washingtonpost.com/history/2021/11/17/eunice-newton-foote-john-tyndall/ (Zitiert: Brockell)

Edwards, Lynda: Cool woman surrounded by hot air. Local female scientist discovered greenhouse effect before cars existed. timesunion.com, 15. Mai 2018, URL: https://www.timesunion.com/news/article/Local-female-scientist-discovered-greenhouse-12845254.php (Zitiert: Edwards)

Hawkins, Ed: John Tyndall – founder of climate science? In: Climate Lab Book – Open climate science 26. April 2018, URL: http://www.climate-lab-book.ac.uk/ (Zitiert: Hawkins)

Jackson, Roland: Eunice Foote, John Tyndall and a Question of Priority. The Royal Society, Notes and Records, 13. Februar 2019 (Zitiert: Jackson)

Mandel, Kyla: This woman fundamentally changed climate science –and you've probably never heard of her. 18. Mai 2018, URL: https://thinkprogress. org/female-climate-scientist-eunice-foote-finally-honored-for-her-contributions-162-years-later-21b3cf08c70b/ (Zitiert: Mandel)

McNeill, Leila: This Suffrage-Supporting Scientist Defined the Greenhouse Effect But Didn't Get The Credit, Because Sexism. www.smithosonian-mag.com, 5. Dezember 2016, URL: https://www.smithsonianmag.com/science-nature/lady-scientist-helped-revolutionize-climate-science-did-nt-get-credit-180961291/ (Zitiert: McNeill)

Perkowitz, Sidney: If Only 19th-Century America Had Listened to a Woman Scientist – where might the US be if it heeded her discovery of global warming's source? nautil.us., 28. November 2019, URL: https://nautil.us/issue/78/atmospheres/if-only-19th_century-america-had-listened-to-a-woman-scientist (Zitiert: Perkowitz)

Rathi, Akshat: Righting the Wrong. The female scientist who identified the greenhouse gas effect never got credit. In: qz.com, 14. Mai 2018, URL: https://qz.com/1277175/eunice-foote-proved-the-greenhouse-gas-effect-but-never-got-the-credit-because-of-sexism/ (Zitiert: Rathi)

Schwartz, John: Overlooked No More. Eunice Newton Foote, Climate Scientist Lost to History. In: New York Times, 21. April 2020 (Zitiert: Schwartz)

Shapiro, Maura: Eunice Newton Foote's nearly forgotten discovery. In: Physics Today, 23. August 2021, URL: https://physicstoday.scitation.org/do/10.1063/PT.6.4.20210823a/full/ (Zitiert: Shapiro)

Sorenson, Raymond P.: Eunice Foote's Pioneering Research On CO_2 And Climate Warming. In: Search and Discovery Article #70092 (2011), 31. Januar 2011; Eunice Foote's Pioneering Research on CO_2 and Climate Warming: Update. In: Search and Discovery Article, URL: https://www.searchanddiscovery.com/pdfz/documents/2011/70092sorenson/ndx_sorenson.pdf.html (Zitiert: Sorenson)

Tyndall, John: The Bakerian Lecture. On the Absorption and Radiation of Heat by Gases and Vapours, and on the Physical Connexion of Radiation, Absorption and Conduction. In: Philosophical Transactions of the Royal Society, 151, 28–9 (1861). (Zitiert: Tyndall 1861)

Wagner Reed, Elizabeth: Eunice Newton Foote. URL: http:// www.catherinecreed.com/foote.html (Zitiert: Wagner Reed)

Wilkinson, Katharine: The Woman Who Discovered the Cause of Global Warming was Long Overlooked. Her Story Is a Reminder to Champion All Women Leading on Climate, Time, 17. Juli 2019 (Zitiert: Wilkinson)

Beiträge ohne Namensangaben

New ser. v. 2, no. 7 (Jan. 1857), URL: https://www.canadiana.ca/view/
oocihm.8_05122_7/76?r=0&s=4

UCSB (Hrsg.): From Eunice Newton Foote to UCSB. Begleitinformationen
zur Ausstellung in der Bibliothek der UCSB, 2020, Seite zum Thema
«Did John Tyndall read Eunice Foote's Paper?« (Zitiert: UCSB)

Henrietta Swan Leavitt

Bücher/Sammelbände

Farnes, Patricia; Kass-Simon, Gabriele; Nash, Deborah: Women of Science.
Righting the Record. Bloomington und Indianapolis 1990 (Zitiert:
Farnes/Kass-Simon/Nash)

Johnson, George: Miss Leavitt's Stars. The Untold Story of the Woman Who
Discovered How to Measure the Universe. New York, London 2005,
S. 118 (Zitiert: Johnson)

Lightman, Alan: The Discoveries – Great Breakthroughs in 20th-Century
Science. New York 2005 (Zitiert: Lightman)

Sobel, Dava: The Glass Universe. London 2017 (Zitiert: Sobel)

Whitlock, Catherine; Evans, Rhodri: 10 Women Who Changed Science and
the World. New York 2019 (Zitiert: Whitelock/Evans/Rhodri)

Zeitschriften/Zeitungen/Online-Beiträge

Geiling, Natasha: The Women Who Mapped the Universe And Still
Couldn't Get Any Respect. In: Smithsonian Magazine, 18. November 2013, URL: https://www.smithsonianmag.com/history/the-women-
who-mapped-the-universe-and-still-couldnt-get-any-respect-9287444/
(Zitiert: Geiling)

Hertzsprung, Ejnar: Über die räumliche Verteilung der Veränderlichen vom
δ Cephei-Typus. In: Astronomische Nachrichten Band 196, Nr. 4692,
S. 201 ff. (Zitiert: Hertzsprung)

Hunter, Tim: Henrietta Swan Leavitt, URL: http://www.3towers.com/
sgrasslands/essays/Leavitt/Leavitto1.asp (Zitiert: Hunter)

Leavitt, Henrietta Swan: 1,777 Variables in the Magellanic Clouds. In: Annals of Harvard College Observatory, Vol. 60, S. 87 ff. (Zitiert: Swan Leavitt)

O'Connor, J. J.; Robertson, E. F.: Henrietta Swan Leavitt. Biography, URL: https://mathshistory.st-andrews.ac.uk/Biographies/Leavitt/ (Zitiert: O'Connor/Robertson)

Persson, Ulf: Interview with Arild Stubhaug. In: Notices of the AMS, Volume 52, No. 9, S. 1046 (Zitiert: Persson/Stubhaug)

Pickering, Edward C.: Periods of 25 Variable Stars in the Small Magellanic Cloud. In: Harvard College Observatory Circular, 3. März 1912 (Zitiert: Pickering)

Plotkin, Howard: Edward C. Pickering, the Henry Draper Memorial, and the Beginnings of Astrophysics in America. In: Annals of Science, 35 (1978), S. 365 ff. (Zitiert: Plotkin)

Rubin, Vera: People: Stars and Scopes. In: Science, Vol. 309, Issue 5742, vom 16. September 2005, URL: https://www.science.org/doi/10.1126/science.1117658 (Zitiert: Rubin)

Beiträge ohne Namensangaben

Spektrum.de, Lexikon der Astronomie, Eintrag: Distanzmodul, URL: https://www.spektrum.de/lexikon/astronomie/distanzmodul/79 (Zitiert: Spektrum.de)

Maria von Linden

Bücher/Sammelbände

Junginger, Gabriele (Hrsg.): Maria Gräfin von Linden. Erinnerungen der ersten Tübinger Studentin. Tübingen 1991 (Zitiert: Erinnerungen)

Junginger, Maria: Gräfin von Linden. Eine Wissenschaftlerin ist ihrer Zeit voraus. (Einleitung zu »Erinnerungen«, zitiert: Junginger)

Zeitschriften/Zeitungen/Online-Beiträge

George, Christian: Maria von Linden, erste Professorin der Universität Bonn (1869–1936). Portal Rheinische Geschichte, URL: http://www.rheinische-geschichte.lvr.de/Persoenlichkeiten/maria-von-linden/DE-2086/lido/57c941968584e2.87691865 (Zitiert: George)

Beiträge ohne Namensangaben

Eintrag Maria Gräfin von Linden. In: Ärztinnen im Kaiserreich, URL: https://geschichte.charite.de/aeik/biografie.php?ID=AEIK00557in (Zitiert: Charité)

Eintrag Hubert Ludwig, URL: Biologie-Seite, https://www.biologie-seite.de/ Biologie/Hubert_Ludwig (Zitiert: Biologieseite, Ludwig).

Eintrag Linden, Joseph, Freiherr. In: Deutsche Biographie, URL: https:// www.deutsche-biographie.de/gnd117024627.html#ndbcontent (Zitiert: Deutsche Biographie)

Eintrag Maria von Linden, URL: https://www.biologie-seite.de/Biologie/ Maria_von_Linden (Zitiert: Biologieseite, von Linden)

Eintrag Maria von Linden, URL: https://www.bionity.com/de/lexikon/ Maria_von_Linden.html (Zitiert: Bionity)

Emmy Noether

Bücher/Sammelbände

Herbst, Christina (Hrsg.): Hedwig Pringsheim. Tagebücher. Band 5, 1911–1916. Göttingen 2016, S. 525 und 527 (Zitiert: Herbst)

Lemmermeyer, Franz; Roquette, Peter (Hrsg.): Helmut Hasse und Emmy Noether. Die Korrespondenz 1925–1935. Göttingen 2006 (Zitiert: Lemmermeyer)

Radbruch, Knut: Emmy Noether. Mathematikerin mit hellem Blick in dunkler Zeit. Emmy-Noether-Vorlesung 2008. Erlanger Universitäts-reden, Nr. 71/2008, 3. Folge, S. 15 (Zitiert: Radbruch)

Reid, Constance: Hilbert-Courant. New York 1986 (Zitiert: Reid)

Rowe, David., E.; Koreuber, Mechthild: Proving it Her Way. Emmy Noether, a Life in Mathematics. Cham 2020 (Zitiert: Rowe)

Taussky, Olga: My personal recollections of Emmy Noether. In: Brewer, James, W.; Smith, Martha, K. (Hrsg.): Emmy Noether. A tribute to her life and work. New York 1981 (Zitiert: Taussky)

Tent, M. B. W.: Emmy Noether. The Mother of Modern Algebra. Boca Raton 2008 (Zitiert: Tent)

Tollmien, Cordula: »Sind wir doch der Meinung, dass ein weiblicher Kopf nur ganz ausnahmsweise in der Mathematik schöpferisch tätig sein kann ...«. Eine Biografie der Mathematikerin Emmy Noether (1882–1935) und zugleich ein Beitrag zur Geschichte der Habilitation von Frauen an der Universität Göttingen. In: Göttinger Jahrbuch 38 (1990) (Zitiert: Tollmien)

Williams, Talithia: Power in Numbers. The Rebel Women of Mathematics. New York 2018 (Zitiert: Williams)

Zeitschriften/Zeitungen/Online-Beiträge

Ast, Christian: »Sind wir doch der Meinung, dass ein weiblicher Kopf nur ganz ausnahmsweise in der Mathematik schöpferisch tätig sein kann ...«. Aus dem Leben der Emmy Noether. Emmy-Noether-Lecture 2011. Vortrag am Max-Planck-Institut für Festkörperforschung Stuttgart, 21. 7. 2011 (Zitiert: Ast)

Einstein, Albert: Leserbrief. In: New York Times vom 4. Mai 1935 (Zitiert: Einstein)

Shen, Qinna: A Refugee Scholar from Nazi Germany. Emmy Noether and Bryn Mawr College. Research Paper, German Faculty Research and Scholarship. In: The Mathematical Intelligencer, Volume 41, Nr. 3 (2019), S. 52–65 (Zitiert: Shen)

Alice Ball

Bücher/Sammelbände

Brundage, William Fitzhugh (Hrsg.): Beyond Blackface. African Americans and the Creation of American Popular Culture, 1890–1930. Chapel Hill 2011, S. 80 (Zitiert: Fitzhugh Brundage)

Tayman, John: The Colony. The Harrowing True Story of the Exiles of Molokai. New York u. a. 2006, S. 1 f. (Zitiert: Tayman)

Wermager, Paul: Healing the Sick. In: Jackson, Miles M.: They Followed the Trade Winds: African Americans in Hawai'i. Honolulu 2004 (Zitiert: Wermager 2004)

Willis, Deborah: J. P. Ball, Daguerrean and Studio Photographer. New York 1993 (Zitiert: Willis)

Zeitschriften/Zeitungen/Online-Beiträge

Collins, Sibrina Nichelle: Alice Augusta Ball. Chemical Drug Pioneer, URL: https://undark.org/2016/05/12/alice-augusta-ball-chemical-drug-pioneer-african-american-scientists/ (Zitiert: Collins)

Hollmann, Harry T.: The Fatty Acids of Chaulmoogra Oil in the Treatment of Leprosy and Other Diseases. In: Archives of Dermatology and Syphilology, 1. Januar 1922, S. 94 ff., S. 95 (Zitiert: Hollmann)

Inglis-Arkell, Esther: We Had A Cure For Leprosy For Centuries But Couldn't Get It To Work, 8. Mai 2015, URL: https://gizmodo.com/we-had-a-cure-for-leprosy-for-centuries-but-we-couldnt-1703005163 (Zitiert: Inglis-Arkell)

Jenett-Siems, Kristina: Kava ist nicht mehr »bedenklich«. Zu Nutzen und Risiken von Rauschpfeffer. In: Deutsche Apothekerzeitung, 8. November 2018, URL: https://www.deutsche-apotheker-zeitung.de/daz-az/2018/daz-45-2018/kava-ist-nicht-mehr-bedenklich (Zitiert: Jenett-Siems)

Kreifels, Susan: Ground breaking African-American UH chemist finally recognized, Star-Bulletin, 1. März 2000, URL: http://archives.starbulletin.com/2000/03/01/news/story7.html (Zitiert: Kreifels)

Mendheim, Beverly: Lost and Found. Alice Augusta Ball, an Extraordinary Woman of Hawai'i Nei. In: Northwest Hawai'i Times, September 2007 (Zitiert: Mendheim)

Parascandola, John: Chaulmoogra Oil and the Treatment of Leprosy. In: Pharmacy in History, Vol. 45 (2003), No. 2, S. 48 ff. (Zitiert: Parascandola)

Pasternack, Ellen: Alice Ball and the Fight against Leprosy, Bluestocking, 29. Februar 2016, URL: https://blue-stocking.org.uk/2016/02/29/alice-ball-and-the-fight-against-leprosy/ (Zitiert: Pasternack)

Wermager, Paul; Heltzel, Carl: Alice A. Augusta Ball: Young Chemist Gave Hope to Millions. In: Chem Matters, Februar 2007, S. 16 ff. (Zitiert: Wermager/Heltzel)

Wong, Kathleen M., The Trailblazing Black Woman Chemist Who Discovered a Treatment for Leprosy, Smithsonian Magazine, 23. Februar 2022, URL: https://www.smithsonianmag.com/history/the-trailblazing-black-woman-chemist-who-discovered-a-treatment-for-leprosy-180979772/ (Zitiert: Wong)

Janaki Ammal

Bücher/Sammelbände

Kedharnath, S.: Edavalath Kakkat Janaki Ammal. In: Biographical Memoirs of Fellows of the Indian National Science Academy, 13 (1988), S. 90 ff. (Zitiert: Kedharnath)

Thomas, William L. Jr. (Hrsg.): Man's Role in Changing the Face of the Earth. Chicago 1956 (Zitiert: Thomas)

Zeitschriften/Zeitungen/Online-Beiträge

Damodaran, Vinita: Gender, Race and Science in Twentieth-Century India. E. K. Janaki Ammal and the History of Science. In: History of Science, 51 (3), 2013, S. 283–307, S. 291 f. (Zitiert: Damodaran)

Doctor, Geeta: Remembering Dr. Janaki Ammal, pioneering botanist, cytogeneticist and passionate Gandhian, auf: Scroll.in, 23. Juni 2015, URL: https://scroll.in/article/730186/remembering-dr-janaki-ammal-pioneering-botanist-cytogeneticist-and-passionate-gandhian (Zitiert: Doctor)

Kannan, Ramya: A glorious yellow bloom in honour of botanist E. K. Janaki Ammal. In: The Hindu, 9. Juni 2019, URL: https://www.thehindu.com/sci-tech/science/a-glorious-yellow-bloom-in-honour-of-botanist-e-k-janaki-ammal/article27699225.ece (Zitiert: Kannan)

Pal, Sanchari: Meet India's First Woman PhD in Botany. She Is The Reason Your Sugar Tastes Sweeter!, URL: https://www.thebetterindia.com/75174/janaki-ammal-botanist-sugarcane-magnolia/ (Zitiert: Pal)

Pandy, Mamata: Magnolia Lady Janaki Ammal. URL: https://www.the-hindu.com/sci-tech/science/a-glorious-yellow-bloom-in-honour-of-botanist-e-k-janaki-ammal/article27699225.ece, URL: https://millennialmatriarchs.com/2021/12/23/magnolia-lady-janaki-ammal/ (Zitiert: Pandy)

Saini, Angela: Where are the Women in Science, National Geographic 11/2019, S. 110 ff. (Zitiert: Saini)

Shaji, K. A.: Long ignored, renowned botanist Janaki Ammal finally recognised. In: biography, auf thenewsminute.com, 1. Juni 2019, URL: https://www.thenewsminute.com/article/how-tell-ghost-story-without-showing-ghosts-bhoothakaalam-director-160144 (Zitiert: Shaji)

Subramanian, C. V.: Edavalath Kakkat Janaki Ammal. In: Resonance, Juni 2007, S. 4–9, S. 6 (Zitiert: Subramanian)

Beiträge ohne Namensangaben

URL: https://snaccooperative.org/ark:/99166/w6401jkp; https://rackham.umich.edu/rackham-life/diversity-equity-and-inclusion/barbour-scholars/ (Zitiert: snaccooperative)

Website der Wenner-Gren Foundation, URL: http://www.wennergren.org/history/mans-role-changing-face-earth

Hilde Mangold

Bücher/Sammelbände

Fässler, Peter, E.; Sander, Klaus: Hilde Mangold (1898–1924) and Speemann's organizer: Achievement and tragedy. In: Landmarks in Developmental Biology 1883–1924. Berlin, Heidelberg, 1997 (Zitiert als: Fässler)

Gilbert, Scott, F.; Barresi, Michael, J. F.: Developmental Biology. Sinauer Associates. Sunderland, MA 2016 (Zitiert: Gilbert)

Hamburger, Viktor: Hilde Mangold, Co-Discoverer of the Organizer. In: Journal of the History of Biology, Vol. 17, No. 1. Berlin, Heidelberg 1984 (Zitiert: Hamburger)

Klee, Ernst: Das Personenlexikon zum Dritten Reich. Wer war was vor und nach 1945. Frankfurt a. M. 2005 (Zitiert: Klee)

Zeitschriften/Zeitungen/Online-Beiträge

Riley, Alex: How your Embryo Knew What to Do. The forgotten story of the woman who discovered how animals get their shape. Nautilus magazine, New York, 20. November 2015 (Zitiert: Riley)

Rössler, Michal; Bessert-Nettelbeck, Mathilde: Hilde Mangold. Wegbereiterin der Signalforschung. In: Magazin CIBSS (Centre for Integrative Biological Signalling Studies), Albert-Ludwigs-Universität Freiburg, 17. März 2022, URL: https://www.cibss.uni-freiburg.de/de/news/hilde-mangold-wegbereiterin-der-signalforschung (Zitiert: Rössler)

Sander, Klaus; Fässler, Peter, E.: Introducing the Spemann-Mangold Organizer: Experiments and Insights That Generated a Key Concept in Developmental Biology, International Journal of Developmental Biology, 2001 (Zitiert: Sander)

Van Robays, Johan: Hilde Mangold-Pröscholdt – The Spemann-Mangold-Organizer. In: Facts, Views & Vision in ObGyn, Journal of the European Society for Gynaecological Endoscopy, Wetteren, 28. März 2016 (Zitiert: Van Robays)

Chien-Shiung Wu

Bücher/Sammelbände

Bertsch McGrayne, Sharon: Nobel Prize Women in Science. Their Lives, Struggles, and Momentous Discoveries. Revised ed. Washington 1998 (Zitiert: Bertsch McGrayne)

Chiang, Tsai-Chien: Madame Wu Chien-Shiung, The First Lady of Physics Research. Singapur u. a. 2014 (Zitiert: Chiang)

Des Jardins, Julie: The Madame Curie Complex. New York 2017 (Zitiert: Des Jardins)

Reynolds, Moira Davison: American Women Scientists. 23 Inspiring Biographies. 1900–2000. Jefferson (NC) und London 1999 (Zitiert: Davison Reynolds)

Swaby, Rachel: Headstrong. 52 Women Who Changed Science – and the World. New York 2015 (Zitiert: Swaby)

Zeitschriften/Zeitungen/Online-Beiträge

Dihal, Kanta: Where State Politics Meets Gender Politics. Chien-Shiung Wu and the Manhattan Project, Lady Science vom 18. Januar 2018, URL: https://thenewinquiry.com/blog/where-state-politics-meets-gender-politics-chien-shiung-wu-and-the-manhattan-project/ (Zitiert: Dihal)

Nelson, Bob: Famed Physicist Chien-Shiung Wu dies at 84, URL: http://www.columbia.edu/cu/record/archives/vol22/vol22_iss15/record2215.16.html (Zitiert: Nelson)

Schmeck, Harold M.: Basic Concept in Physics is Reported Upset in Tests, New York Times, 16. Januar 1957 (Zitiert: Schmeck, New York Times, 16. Januar 1957)

Stech, Berthold; Winter, Klaus: Sechzig Jahre Fermi-Theorie des Beta-Zerfalls, Phys. Bl. 50 (1994), Nr. 11, S. 1047 ff. (Zitiert: Stech)

Wu, C S.; Ambler, E.; Hayward, R. W.; Hoppes, D. D.; Hudson, R. P.: Experimental Test of Parity Conservation in Beta Decay. Physical Review 105, 1957, S. 1413–1415 (Zitiert: Wu/Ambler/Hayward/Hoppes/Hudson)

Yuan, Jada, Discovering Dr. Wu, Washington Post, 13. Dezember 2021, URL: https://www.washingtonpost.com/lifestyle/2021/12/13/chien-shiung-wu-biography-physics-grandmother/ (Zitiert: Yuan)

Beiträge ohne Namensangaben

Eintrag »Betazerfall«, URL: https://www.spektrum.de/lexikon/physik/betazerfall/1487 (Zitiert: Eintrag »Betazerfall«, www.spektrum.de)

Eintrag »Schwache Wechselwirkung«, URL: https://www.leifiphysik.de/kern-teilchenphysik/teilchenphysik/grundwissen/die-vier-fundamentalen-wechselwirkungen; URL: https://www.chemie.de/lexikon/Schwache_Wechselwirkung.html (Zitiert: Eintrag »Schwache Wechselwirkung«, www.leifiphysik.de)

She thought it: Chien-Shiung Wu, URL: https://shethoughtit.ilcml.com/biography/chien-shiung-wu/ (Zitiert: She thought it)

Vgl. URL: https://www.uni-muenster.de/Physik/department/equality/women_and_physics/history/chien_shiung_wu.html (Zitiert: Uni Münster)

Hedy Lamarr

Bücher/Sammelbände

Crisler, B. R.: A glance at that awful thing called glamour. New York Times, 12. März 1939 (Zitiert: Crisler)

Garafola, Lynn: Legacies of twentieth-century dance. Middletown,2005 (Zitiert: Garafola)

Katz, Ephraim: The film encyclopedia. New York 2012 (Zitiert: Katz)

Lindinger, Michaela: Hedy Lamarr. Filmgöttin, Antifaschistin, Erfinderin. Wien 2019 (Zitiert: Lindinger)

Rhodes, Richard: Hedy's Folly – The life and breakthrough inventions of Hedy Lamarr. The most beautiful woman in the world. New York 2011 (Zitiert: Hedy's Folly)

Wolf, Norbert: Art déco. München 2013 (Zitiert: Wolf)

Zeitschriften/Zeitungen/Online-Beiträge

Crease, Robert, P.: Inventing beauty. In: Nature, 23. November 2011, S. 474–475 (Zitiert: Crease)

Dean, Alexandra: The Hedy Lamarr Story. Dokumentarfilm. Dogwoof Studio, 2018 (Zitiert: Dean)

George, Alice: Thank this World War II-era film star for your Wifi. In: Smithsonian Magazine, 4. April 2019 (Zitiert: George)

Hutchinson, Pamela: Hedy Lamarr – the 1940s ›bombshell‹ who helped invent wifi. In: The Guardian, 8. März 2018 (Zitiert: Hutchinson)

O'Brien, Elle: 5 facts about Hedy Lamarr, star, inventor, wartime code maker. In: Massive Science, 8. November 2020 (Zitiert: O'Brien)

Rothman, Tony: Random paths to frequency hopping. In: American Scientist, Januar–Februar 2019 (Zitiert: Rothman)

Severo, Richard: Hedy Lamarr, sultry star who reigned in Hollywood of the 30's and 40's, dies at 86. In: New York Times, 20. Januar 2000 (Zitiert: Severo)

Thorpe, Vanessa: Film tells how Hollywood star Hedy Lamarr helped to invent wifi. In: The Guardian, 12. November 2017 (Zitiert: Thorpe)

Joan Clarke

Bücher/Sammelbände

Blair, Clay: Der U-Boot-Krieg – Die Jäger, 1939–1942. München 1998 (Zitiert: Blair)

Dunlop, Tessa: The Bletchley Girls – war, secrecy, love and loss. The women of Bletchley Park tell their story. London 2015 (Zitiert: Dunlop)

Eldridge, Jim: Alan Turing – Codebreaker. Scientist. Genius. Lifesaver. London 2013 (Zitiert: Eldridge)

Hinsley, Harry; Stripp, Alan: Codebreakers: The inside story of Bletchley Park. Oxford 1993 (Zitiert: Hinsley)

Hodges, Andrew: Alan Turing, the enigma. Princeton 2014 (Zitiert: Hodges)

Mahon, A. P.: Naval Enigma. The History of Hut 8, 1939–1945. Bletchley 2009 (Zitiert: Mahon)

Randall, Anthony, J.: Joan Clarke. The biography of a Bletchley Park Enigma. Gloucester 2019 (Zitiert: Randall)

Sebag-Montefiore, Hugh: Enigma. The Battle for the Code. Hoboken 2000 (Zitiert: Sebag-Montefiore)

Zeitschriften/Zeitungen/Online-Beiträge

Davies, Caroline: Enigma Codebreaker Alan Turing receives Royal Pardon. In: The Guardian, 24. Dezember 2013 (Zitiert: Davies)

Lee, Jan: Joan Elisabeth Lowther Clarke Murray. IEEE Annals of the History of Computing Band 23, Ausgabe 1, Januar–März, Davis (2001), S. 67–72 (Zitiert: Lee)

Miller, Joe: Joan Clarke, woman who cracked Enigma cyphers with Alan Turing. BBC, 10. November 2014, URL: https://www.bbc.com/news/technology-29840653 (Zitiert: Miller)

Beiträge ohne Namensangaben

BBC-Interview mit Joan Clarke, ausgestrahlt 1992: URL: https://www.bbc.com/news/av/technology-29840654 (Zitiert: BBC-Interview)

Marie Tharp

Bücher/Sammelbände

Felt, Hali: Soundings. The story of the remarkable woman who mapped the ocean floor. New York 2012 (Zitiert: Felt 2012)

Heezen, Bruce C.; Tharp, Marie; Ewing, Maurice: The Floors of the Oceans. I. The North Atlantic. New York 1959 (Zitiert: Heezen/Tharp/Ewing)

Zeitschriften/Zeitungen/Online-Beiträge

Blakemore, Erin: Seeing is Believing. How Marie Tharp Changed Geology Forever. In: Smithsonian Magazine, 30. August 2016, URL: https://www.smithsonianmag.com/history/seeing-believing-how-marie-tharp-changed-geology-forever-180960192/) (Zitiert: Blakemore)

Evans, Rachel: Plumbing Depths to Reach New Heights. Marie Tharp Explains Marine Geological Maps. Library of Congress, November 2002, URL: https://www.loc.gov/loc/lcib/0211/tharp.html (Zitiert: Evans)

Ewing, Maurice; Heezen, Bruce C.: Some Problems of Antarctic Submarine Geology. In: Crary, A. P.; Gould, L. M.; Hulburt, E. O.; Odishaw, Hugh; Smith, Waldo E. (Hrsg.): Antarctica in the International Geophysical Year, 1956 (Zitiert: Ewing/Heezen)

Felt, Hali: Marie Tharp – Plate Tectonics Pioneer, in GSA Today, Juni 2017, S. 32 ff., S. 32. URL: https://www.geosociety.org/gsatoday/archive/27/6/pdf/i1052-5173-27-6-32.pdf (Zitiert: Felt 2017)

Freeman, Ira Henry: Crack in World is Found at Sea. New York Times, 1. Februar 1957 (Zitiert: Freeman, New York Times, 1. Februar 1957)

Granger, Betsy: Marie Tharp's groundbreaking maps brough the seafloor to the world, 2021, URL: https://ww.sciencenews.org/article/marie-tharp-maps-plate-tectonics-seafloor-cartography (Zitiert: Granger)

Hofbauer, G.: Alfred Wegener – Driftende Kontinente und unbewegliche Geologen, online unter: www.gdgh.de/Berichte/B9 (Zitiert: Hofbauer)

Oreskes, Naomi: Continental Drift, URL: http://historyweb.ucsd.edu/oreskes/Papers/Continentaldrift2002.pdf (Zitiert: Oreskes)

Tharp, Marie: »Marie Tharp's Adventures in Mapping the Seafloor, In Her Own Words«, Columbia Climate School, State of the Planet, 24. Juni 2020, URL: https://news.climate.columbia.edu/2020/07/24/marie-tharp-connecting-dots/ (Zitiert: Tharp 2020)

Beiträge ohne Namensangaben

Website der General Bathymetric Chart of the Oceans, URL: https://www.gebco.net/

Online-Katalog der Heezen-Tharp-Sammlung in der Library of Congress, URL: https://findingaids.loc.gov/db/search/xq/searchMferDsc04.xq?_id=loc.gmd.eadgmd.gm017012&_start=1&_lines=125

Mariners Museum, Marie Tharp, Explorer, URL: https://exploration.marinersmuseum.org/subject/marie-tharp/ Nachstehend zitiert als: Marie Tharp, Explorer (Zitiert: Mariners Museum)

Eintrag »Tharp, Marie«, URL: https://www.encyclopedia.com/people/science-and-technology/geology-and-oceanography-biographies/marie-tharp, nachstehend zitiert als: encyclopedia.com (Zitiert: encyclopedia.com)

Stephanie L. Kwolek

Zeitschriften/Zeitungen/Online-Beiträge

Chase, Randall: Stephanie Kwolek, 90, Kevlar inventor. In: The Philadelphia Inquirer, 22. Juni 2014 (Zitiert: Chase)

Ferguson, Raymond, C.: Oral history interview with Stephanie L. Kwolek am 4. Mai 1986. In: Science History Institute, Digital Collections, Philadelphia, URL: https://digital.sciencehistory.org/works/d217qq72t (Zitiert: Ferguson)

Langer, Emily: Stephanie Kwolek dies at 90; chemist created Kevlar fiber used in bullet-resistant gear. In: Washington Post, 20. Juni 2014 (Zitiert: Langer)

Milford, Maureen: Mother of Invention has helped save thousands. In: USA Today, 4. Juli 2007 (Zitiert: Milford)

Morgan, Paul, W.; Kwolek, Stephanie, L.: The nylon rope trick. Demonstration of condensation polymerization. In: Journal of Chemical Education, Washington, 1. April 1959 (Zitiert: Morgan)

Riordan, Teresa: A chemist who languished in a prefeminist-era. DuPont lab looks back on her invention of Kevlar. In: New York Times, 24. Mai 1999 (Zitiert: Riordan)

Beiträge ohne Namensangaben

Ohne Autorenangabe: Interview mit Stephanie L. Kwolek. In: Wilmington News Journal, Wilmington, Delaware, 20. Juni 2007 (Zitiert: Interview Kwolek)

Jocelyn Bell Burnell

Zeitschriften/Zeitungen/Online-Beiträge

Bell Burnell, Jocelyn: Petit Four. In: Annals of the New York Academy of Science, vol. 302, S. 685–689, December 1977 (Zitiert: Bell Burnell)

Brown, Mark: »It'll upset a few fellows«: Royal Society adds Jocelyn Bell Burnell portrait, in: The Guardian, 28. November 2020 (Zitiert: Brown)

Masters, James: Jocelyn Bell Burnell to give away $3 million physics prize, in CNN, 6. September 2018, URL: https://edition.cnn.com/2018/09/06/

world/jocelyn-bell-burnell-special-breakthrough-prize-intl/index.html, abgerufen am 19. Dezember 2021 (Zitiert: Masters)

McKie, Robin: Fred Hoyle: the scientist whose rudeness cost him a Nobel Prize. In: The Guardian, 3. Oktober 2010 (Zitiert: McKie)

Proudfoot, Ben: She changed astronomy forever. He won the Nobel Prize for it, Dokumentarfilm. In: The New York Times, 2021, URL: https://www.nytimes.com/2021/07/27/opinion/pulsars-jocelyn-bell-burnell-astronomy.html?searchResultPosition=3, abgerufen am 17. Dezember 2021 (Zitiert: Produfoot)

Saner, Emine: Top 100 women: science and medicine. Jocelyn Bell Burnell, in The Guardian, 8. März 2011 (Zitiert: Saner)

Beiträge ohne Namensangaben

BBC Horizon: Jocelyn Bell Burnell on pulsars, Sendung vom 22. November 1971, URL: https://www.bbc.co.uk/archive/jocelyn-bell-burnell-on-pulsars-1971/zjbwd6f, abgerufen am 15. Dezember 2021 (Zitiert: BBC Horizon)

Interview der Autoren mit Jocelyn Bell Burnell am 5. Januar 2022 (Zitiert: Interview der Autoren)

Video-Interview mit Jocelyn Bell Burnell. In: Journeys of Discovery, University of Cambridge, URL: https://www.cam.ac.uk/stories/journeysofdiscovery-pulsars, abgerufen am 14. Dezember 2021 (Zitiert: Video-Interview)

Bildnachweis

PA Images/Alamy Stock Photo: 219
Alfred-Wegener-Institut, Foto Kerstin Rolfes: 8
National Science and Technology Foundation: Umschlag, 208
Wikimedia Commons: Umschlag (3, 1 MGM, 1 Margit Friedrich, Smithsonian Institution), 11 (Lithograph by A. Deveria nach C. F. Zincke), 21, 34, 55, 71, 84, 99 (The Modern Review), 114, 128 (Margit Friedrich, Smithsonian Institution), 155 (MGM), 169, 180 (AIP Emilio Segrè Visual Archives), 219

In Fällen, bei denen der Rechteinhaber nicht festzustellen ist, ist der Verlag bereit, nach Anforderung rechtmäßige Ansprüche abzugelten.

Danksagung

Die Autoren danken Jo Willett, Professorin Jocelyn Bell Burnell, Birgit Schardt sowie Alban Hoffmann, Dr. Harald Eschelbach, Dr. Francisco Rilla Manta und Dr. med. Ruth Milz für die wissenschaftliche Beratung. Außerdem Mia, Annika und Henry. Für ihr Vorwort danken die Autoren Frau Prof. Dr. Antje Boetius.